Shichang Daoxiang Xiade Zhuanli Shishi Zhanlue Lianmeng Yanjiu
——Zuzhi Hezuo Chuangxin de Shijiao

市场导向下的专利实施战略联盟研究
——组织合作创新的视角

周全 著

中国财经出版传媒集团
经济科学出版社
Economic Science Press

图书在版编目（CIP）数据

市场导向下的专利实施战略联盟研究：组织
合作创新的视角/周全著 . —北京：经济科学
出版社，2016.5
ISBN 978 – 7 – 5141 – 6855 – 6

Ⅰ.①市… Ⅱ.①周… Ⅲ.①企业管理 –
专利 – 研究 Ⅳ.①G306.3②F273.1

中国版本图书馆 CIP 数据核字（2016）第 079877 号

责任编辑：李　雪　袁　澈
责任校对：刘　昕
责任印制：邱　天

市场导向下的专利实施战略联盟研究：
组织合作创新的视角
周　全　著
经济科学出版社出版、发行　新华书店经销
社址：北京市海淀区阜成路甲 28 号　邮编：100142
总编部电话：010 – 88191217　发行部电话：010 – 88191522
网址：www. esp. com. cn
电子邮件：esp@ esp. com. cn
天猫网店：经济科学出版社旗舰店
网址：http://jjkxcbs. tmall. com
北京汉德鼎印刷有限公司印刷
三河市华玉装订厂装订
710×1000　16 开　16.25 印张　200000 字
2016 年 6 月第 1 版　2016 年 6 月第 1 次印刷
ISBN 978 – 7 – 5141 – 6855 – 6　定价：58.00 元
（图书出现印装问题，本社负责调换。电话：010 – 88191502）
（版权所有　侵权必究　举报电话：010 – 88191586
电子邮箱：dbts@ esp. com. cn）

前　　言

　　开放式创新时代的来临使得企业与其他组织必须开放边界、相互合作，以便创新要素在组织之间自由流动、顺畅转移、共同分享，从而实现高效而持续的创新。因而，组织合作创新对于我国建设创新型国家的作用日益显著。组织合作创新为提升专利实施效率提供了新的路径。市场经济中的专利实施被认为是专利成果转变为市场成果的商业化过程；而参与市场经济活动的组织是多样化的，有着不同资源、能力，高效的组织合作能整合利用各种资源、发挥创新能力从而推动专利实施发展。

　　基于此，本书以专利的市场价值为导向，从企业、大学、研究院所、政府部门、中介机构等组织之间合作创新的角度出发，研究他们如何通过建立战略联盟并进行协同管理来提高专利实施成功率，从而增强我国企业等创新主体的原始创新能力。本书所做的工作及创新之处主要体现在以下几个方面：

　　（1）阐述了组织合作创新下的专利实施机理。分析组织合作创新的复杂性，界定市场导向下的专利实施的内涵和属性，阐述组织合作创新对专利实施的驱动作用，分析组织合作专利实施的复杂性机理，提出战略联盟的方式是专利实施组织应对合作创新复杂性的战略选择。

（2）构建起专利实施战略联盟基本架构。阐明战略实施战略联盟建立的必要性，提出合作创新条件下的专利实施战略联盟概念，分析专利实施战略联盟的特点，归纳出专利实施战略联盟框架以反映联盟基本结构和组织间的互动关系，进而划分专利实施战略联盟主要类型，并从能力评价角度选择以企业为核心的专利实施战略联盟作为首要联盟类型及研究对象。

（3）建立了专利实施战略联盟构建影响因素理论模型。从专利实施基本过程、合作组织特征、合作组织间关系、组织外部环境四个方面分析构建专利实施战略联盟影响因素的来源，再提炼出知识因素、技术因素、价值因素这三个最重要的影响因素，并通过理论分析明确这些影响因素同专利实施战略联盟构建的关系，由此建立起专利实施战略联盟构建影响因素的理论模型，为接下来的实证研究做好铺垫。

（4）进行了影响因素的定量实证研究。通过问卷调查收集数据，然后对数据进行统计分析，以验证影响因素的作用。调查样本选取在一定范围内开展合作专利实施的企业为对象，因为在组织合作创新的专利实施中，影响因素的作用集中体现在企业专利实施的情况上，对企业参与组织合作创新中专利实施情况的调查研究会反映这些影响因素的作用，符合本书研究的主题和思路。实证分析验证了理论模型的假设。

（5）提出专利实施战略联盟的协同机制并完成案例研究。阐述专利实施联盟组织的目标协同机制、资源协同机制、激励协同机制，提出 O－R－M 协同机制框架，进一步通过战略性新兴产业中的案例分析，证实专利实施战略联盟组织协同的运行机制及作用。同时由案例研究提炼了专利实施战略联盟的创新生态理论。

（6）进行了专利实施战略联盟绩效评价。对专利实施战略联盟评价的目标是整个联盟系统设计和运行的指南，确保构建联盟的功能如期实现，纠正联盟管理出现的偏差，发现和解决问题。通过设计评价指标和评价体系，采用灰色聚类评估法对影响联盟绩效的因素进行客观评价，并通过一个联盟评价的算例进行计算分析，为改进专利实施战略联盟绩效提供了依据。

总之，对专利实施战略联盟的形成机理、整体框架、协同机制、绩效评价的研究有助于发展企业、大学、研究院所、政府部门、中介机构等组织之间合作专利实施的创新活动，优化互补性资源的集成利用，提高专利实施效率，实现科技成果的有效创造和应用，为推进我国创新型经济的发展提供理论参考。

周全

2016 年 5 月

目　　录

第 1 章

绪　　论

1.1　研究背景及问题的提出

在知识经济不断发展的今天，创新是企业等组织获取竞争优势的源泉，也是国民经济发展的引擎；而开放式创新时代的来临使得企业与其他组织必须开放边界、相互合作，以便创新要素在组织之间自由流动、顺畅转移、共同分享，从而实现高效而持续的创新。因而，组织合作创新对于我国建设创新型国家的作用日益显著。

党的十八大明确提出"实施创新驱动发展战略"，其中提高原始创新能力被列为以创新驱动发展的重要环节。社会主义市场经济条件下，提高原始创新能力意味着创新主体要提升创新效率，这就要求诸如专利等科技创新成果能及时得到运用、实施，转化为符合乃至引领市场需求的新产品，从而实现科技创新成果的商业价值。然而，我国在这方面还面临着不少现实问题，专利实施成功率低就是这些问题中的一个难点，阻碍了我国推动原始创新的进程。

组织合作创新为提升专利实施效率提供了新的路径。市场经济中的专利实施被认为是专利成果转变为市场成果的商业化过程①；而参与市场经济活动的组织是多样化的，有着不同资源、能力，高效的组织合作能整合利用各种资源、发挥创新能力从而推动专利实施发展。基于此，本书以专利的市场价值为导向，从企业、大学、研究院所、政府部门、中介机构等组织之间合作创新的角度出发，研究他们如何通过建立战略联盟并进行协同管理来提高专利实施成功率，从而增强我国企业等创新主体的原始创新能力。

1.1.1 研究背景

1. 现实背景分析

（1）专利成果的市场化程度较低。专利既是典型的知识产权成果，又是重要的科技创新成果。从知识产权成果角度看，专利实施是促进我国自主知识产权产品、产业发展的关键环节，当形成了自主知识产权产品、产业，市场竞争的主动权、高额的市场回报就会水到渠成。② 从科技创新成果角度看，专利实施是科技转化为生产力的必要途径，专利只有通过市场运作，实现了专利的转移、产业化，科技成果才能成为实实在在的生产力。然而，我国目前专利项目的市场化程度不高，表现在以下两个主要方面：

一是知识产权层面上，专利数量多但实施运用少。近年来，中国的专利申请量持续增长，居于全球领先地位。数据显示，2006～2013年，我国累计授予发明、实用新型和外观设计三种专利权595.7万件，年均增长25.5%。③ 2011年开始，我国成为全球专利申请量第

---

① E Webster, P Jensen. Do Patents Matter for Commercialization? [J]. Journal of Law and Economics, 2011, 54 (5): 431 –453.

② 邢胜才. 积极推进专利实施与产业化是 [J]. 中国发明与专利, 2005 (11): 16 –23.

③ 王逸吟，殷泓. 从专利大国到专利强国之问 [N]. 光明日报, 2014 – 06 – 12 (5).

一大国。据国家知识产权局的统计结果，2013 年全国共受理专利申请 237.7 万件，授权 131.3 万件。其中，发明专利申请受理量 82.5 万件，同比增长 26.3%[①]；发明专利申请量超过美国、日本等发达国家，成为全球专利产出量最高的国家。然而，在我国专利申请和授权数量大幅增长的背后，却存在着专利实施、运用效率低的隐忧。据技术市场部门的统计，2011 年我国专利技术实施率仅为 0.29%。[②] 另有统计表明，目前我国每年的专利技术有 7 万多项，但专利实施率为 10% 左右。[③] 大量"沉睡"的专利消耗了巨大的社会资源，却无法实现其市场价值，不能带来经济效益和社会效益，对创新驱动发展没有起到应有的支持作用。所以，在我国经济转型升级的关键时期，专利数量不断提高的同时还需要强化专利质量，让专利成果能有效地转化为市场成果，这就要求提升专利实施水平。

二是科技成果层面上，科技研发投入高但实际收益低。专利是重要的科技成果，科技成果的生产离不开资源的投入。根据国家统计局、科学技术部、财政部近几年发布的全国科技经费投入统计公报，以执行部门为例：2011 年，各类企业经费支出为 6579.3 亿元，比上年增长 26.9%，政府属研究机构经费支出 1306.7 亿元，增长 10.1%，高等学校经费支出 688.9 亿元，增长 15.3%；2012 年，各类企业经费支出为 7842.2 亿元，比上年增长 19.2%；政府属研究机构经费支出 1548.9 亿元，增长 18.5%；高等学校经费支出 780.6 亿元，增长 13.3%；2013 年，各类企业研究与试验发展（R&D）经费 9075.8 亿元，比上年增长 15.7%；政府属研究机构经费 1781.4 亿

① 2013 年专利统计年报 [EB/OL]. http：//www.sipo.gov.cn/tjxx/jianbao/year2013/a.html.
② 雨田. 专利转化之困 [N]. 中国科学报，2012 - 05 - 19（B1）.
③ 王晔君. 中国科研高投入低产出困局待解 [N]. 北京商报，2013 - 10 - 08（2）.

元，增长 15%；高等学校经费 856.7 亿元，增长 9.8%。①②③ 可以看出，科技研发部门总体上的科技创新成本投入较高。那么，相应的产出如何呢？据统计，我国每年有省部级以上的科技成果 3 万多项，但能大面积推广产生规模效益的仅占 10%～15%。④ 这表明数量众多的投入了人力、物力、财力研究出的科技成果没有转化为市场成果，创造的实际经济效益较低。由于诸如专利等科技成果耗费了大量资源，若不能得到商业化获得经济回报，就会严重影响科技研发部门的创新激励，同时引起技术创新停滞，阻碍创新驱动发展的进程。

（2）创新主体间的合作关系有待深化。进入 21 世纪以来，伴随着经济全球化和竞争白热化，企业、学研机构、政府所属的研究部门等创新主体面临的环境不确定性越来越高，创新主体依靠内部资源条件完成创新任务的难度越来越大。为了取得创新优势，就必须发展创新主体间的合作关系。利用合作关系的创新主体可以用自己的资源引导其他资源进入某个市场，最后实现共赢。⑤ 成功的合作创新经验表明这一点非常重要。美国硅谷的苹果、微软等新兴企业通过合作方式进行专利技术开发，新产品迅速占领市场并获取丰厚利润；德国西门子公司通过建立 CKI 合作模式（即知识互换中心，Centers for Knowledge Exchange），与大学合作研究而取得多项领先竞争对手的专利成果；韩国鼓励官产学建立合作创新体系，共同解决市场开发项目中的技术难题，提升了创新产品在国际市场的推出速度和竞争力。相较而言，我国创新主体的合作关系还停留在较浅层面。例如，企业与学研机构之间的联系不够紧密，高校和科研部门的研究项目同企业的专利

---

① 国家统计局．2011 年全国科技经费投入统计公报 ［EB/OL］．http：//www. stats. gov. cn/tjsj/tjgb/rdpcgb/qgkjjftrtjgb/201210/t20121025_ 30487. html.
② 国家财政局．2012 年全国科技经费投入统计公报 ［EB/OL］．http：//www. mof. gov. cn/zhengwuxinxi/caizhengshuju/201309/t20130926_ 993359. html
③ 国家统计局．2013 年全国科技经费投入统计公报 ［EB/OL］．http：//www. stats. gov. cn/tjsj/tjgb/rdpcgb/qgkjjftrtjgb/201410/t20141023_ 628330. html#.
④ 王晔君．中国科研高投入低产出困局待解 ［N］．北京商报，2013－10－08（2）.
⑤ 谢德苏．源创新 ［M］．北京：五洲传播出版社，2012：152－155.

技术或新产品开发脱节，政府提供的大量科研资金偏向学研机构，而他们的研究更多关注论文产出而非产业化。① 这使得专利研发、转化等创新活动与市场难以对接，创新效率低。因此，创新主体间的合作关系急需深化。

（3）开放式创新提供了有利于专利实施的环境。在 20 世纪七八十年代，全球实力雄厚的企业还以封闭式创新为主，那时他们的资源能力尚能应付市场环境对创新的要求。但后来科技进步速度极大加快，市场竞争日益激烈，到了 20 世纪 90 年代以后，诸如 IBM、宝洁等国际巨头发现必须放开企业边界、吸纳外部创新资源，才能获得预期的创新效果。大学、研究机构也意识到只有打开围墙，让新的科学知识、技术成果充分流动起来，与市场相融合才是顺应创新发展趋势。政府作为宏观管理部门越来越清楚地看到，创新经济的发展要求自身掌握的政策资源、资金资源充分释放，与其他创新主体的资源有机结合，以最大化的支持创新。于是，开放式创新登上历史舞台，并逐渐成为主流的创新方式。如今，我国创新驱动发展的模式实质上正是要求各个创新主体打破束缚资源流动的藩篱，组织内部与外部资源互通、高效利用，催生规模化的市场成果，促进经济发展。在开放式创新环境下，专利实施可以获得更多的有利条件。因为一项专利由知识创造成果到技术创新成果再到市场成果，即专利从开发源头到最后产生经济效益，这样的复杂实施过程本身就需要整合利用各方资源，而开放式创新带来了组织间边界淡化、资源融合的合作关系，正好为此提供了上佳的平台。

2. 理论背景概述

由于现实中企业等组织的专利实施活动越来越趋向于开放式创新模式下的组织间合作，所以组织合作创新理论与开放式创新理论成为了研究专利实施问题的重要理论背景。戴尔等学者（Dyer et al.，

---

① 姚威，陈劲. 产学研合作的知识创造过程研究［M］. 杭州：浙江大学出版社，2010：12 - 16.

1998）提出企业组织间的合作是基于资源的战略合作关系，企业的
关键资源可以延伸到企业边界之外，并嵌入到企业之间的资源路径
中，企业组织间的关系是竞争优势的重要来源，具体包括关系专用资
产、知识分享路径、互补性资源或能力、关系治理四个方面。① 埃茨
科威兹（Etzkowitz，2002）的三螺旋理论将合作范围由企业间扩大到
大学、企业、政府部门等不同类型组织间，表明来自不同部门资源的
相互作用加快了创新进程。② 切萨布鲁夫（Chesbrough，2007）认为
技术创新周期的缩短和经济全球化既加剧了市场竞争又提供了市场机
遇，造就了开放的商业模式，使组织内部资源与外部资源整合效率更
高，创造更多的市场价值。③ 随着组织合作关系的演进，战略联盟在
实践和理论上成为热点，克里斯托福森（Christoffersen，2013）梳理
了主要战略联盟类型及其效果，认为战略联盟在组织合作创新中扮演
着重要角色并不断产生新的联盟形式。④ 限于篇幅，更多的理论回顾
将在后面的文献综述中展开。毋庸置疑，组织合作创新已成为当今最
重要的创新模式，市场环境变化、创新复杂性增强促使合作方式变
革，新的合作方式又更好地服务于创新经济。

1.1.2 问题的提出

专利实施本质上是一种创新活动，并且具有资源投入大、周期
长、参与主体多的特点。从专利的研发、认证到利用专利生产市场所

---

① J Dyer, H Singh. The Relational View: Cooperative Strategy and Source of Interorganizational Competitive Advantage [J]. Academy of Management Review, 1998, 23 (4): 660 –679.

② H Etzkowitz. Innovation as a Triple Helix of University-industry-government Networks [J]. Science and Public Policy, 2002 (29): 115 –128.

③ H Chesbrough. Innovating Business Models with Co-development Partnerships [J]. Research Technology Management, 2007, 50 (1): 55 –59.

④ J Christoffersen. A Review of Antecedents of International Strategic Alliance Performance: Synthesized Evidence and New Directions for Core Constructs [J]. International Journal of Management Reviews, 2013, 15 (1): 66 –85.

需产品再到将产品传递到顾客手中，其过程复杂，牵涉因素多，失败概率高。正是由于专利实施这种创新活动具有较强的复杂性、不确定性，在开放式创新及组织合作关系不断发展的背景下，专利实施需要通过组织间良好的合作才能取得成功。同时，战略联盟是当下组织合作创新的重要形式，那么，能否以战略联盟的合作形式来推动专利实施呢？如果要建立专利实施战略联盟，其背后的机理是怎样的？有哪些主要因素对专利实施联盟构建产生影响？专利实施战略联盟如何运作、评价？这些是非常值得探讨的问题，将在本书中进行系统、深入的研究。

1.2 国内外研究现状与述评

总体上看，虽然国内外对组织合作创新的现有研究成果较为丰富，但针对专利实施的战略联盟研究还较少。而要展开专利实施的战略联盟研究又需要借鉴组织合作创新、战略联盟等方面的研究成果。因此，下面分别从组织合作创新、战略联盟、专利实施几个方面阐述研究现状，以做好理论铺垫。

1.2.1 对组织合作创新的研究

该领域的研究主要包括供应链组织合作创新、集群企业合作创新、产学研合作创新、知识网络组织合作创新等方面。

1. 供应链组织合作创新

自20世纪后期以来，传统意义上的企业同企业之间的竞争已逐渐转化成为供应链同供应链之间的竞争，这是因为随着市场需求的巨大变化和市场竞争愈演愈烈，供应链上游、中游、下游企业之间必须在信息流动、研究开发、产品生产、市场营销、售后服务等方面强化合作，因此供应链组织合作创新得到了较多的关注和研究。

一些学者从供应链组织面临的市场需求角度分析他们之间的合作策略。伊耶和卑尔根（Iyer & Bergen，1997）采用贝叶斯方法修正需求预测，分析了实施快速反应策略时提前期对供应链成员利益的影响，发现较短的提前期总是损害供方的利益而使需方受益，并提出了实现供需双方帕累托改进的原则。① 劳（Lau，1997)②、多诺（Dono-hue，2000)③ 进一步从供应链信息流动着眼，利用第一次订货后观测到的市场信息，引入第二次订货来修正前期预测，从而减少一次订货的非准确性造成的损失。鲁其辉等（2004）在此基础上，从供需协调的角度出发，采用一种补偿机制以达到供需双方共赢的效果。④ 陈旭（2005）对以上研究进行了总结，给出需求信息更新条件下供应链组织合作策略。⑤

另一些学者从纵向角度考察供应链合作研发的创新行为。斯图尔斯（Steurs，1995）研究认为，合作研发中，产业间的溢出效应比产业内的溢出效应导致更多的研发投入、产品产量及社会福利。⑥ 阿塔拉（Atallah，2002）考虑供应链上下游企业在研发活动上采用不合作，同行业内同时横向合作、供应链上下游纵向合作，以及供应链所有企业共同合作等情况，研究了产业间纵向溢出和行业内横向溢出对企业研发投入、产品产量、利润及社会福利等的影响。研究发现，纵

---

① A Iyer, M Bergen. Quick response in manufacturer retailer channels ［J］. Management Science, 1997, 43: 559 –570.

② S Lau, L Lau. Reordering strategies for a newsboy-type product ［J］. European Journal of Operational Research, 1997, 103 （3）: 557 –572.

③ K Donohue. Efficient supply contract for fashion goods with forecast updating and two production modes ［J］. Management Science, 2000, 46 （11）: 1397 – 1411.

④ 鲁其辉, 朱道立, 林正华. 带有快速反应策略供应链系统的补偿策略研究 ［J］. 管理科学学报, 2004, 7 （4）: 14 –23.

⑤ 陈旭. 需求信息更新条件下易逝品的批量订货策略 ［J］. 管理科学学报, 2005, 8 （5）: 38 –42.

⑥ Steurs G. Inter-industry R&D spillovers: what difference do they make? ［J］. International Journal of Industrial Organization, 1995, 13 （2）: 249 –276.

向溢出总会提高研发投入和社会福利，而横向溢出对研发投入和社会福利的影响不确定。① 后续研究对他们的成果进行了拓展，如牛海鹏和艾凤义（2004）针对企业上下游投资、下游创新的合作模式提出了一种收益分配机制以及成本分担机制，研究表明，合作创新后的产量、价格、收入均高于合作创新前②；张巍等（2008）假设供应链由一家供应商、一家制造商和一家销售商组成，研究发现，三方协同研发模式下，供应链总利润、研发投入和产品销量都最大，还运用Sha-pley 值法研究了三方协同研发的利润收益分配问题。③

供应链组织合作创新的其他主要成果还包括：宋和佩里（Song & Parry，1997）的研究表明供应链企业的专有技术知识储备使其能更快地学习并让企业之间技术信息的传递更加便捷，因而具有更强的竞争优势。④ 比蒙（Beamon，1999）认为供应链组织间的合作是建立在较高的信任度基础上，有较好的沟通协调机制，能最大程度实现合作企业间利益分配的公平合理。⑤ 贝罗（Bello，2004）从制度上分析了全球供应链的创新模式，提出了确保供应链中所有成员都参与供应链创新的管理框架模型。⑥ 国内的研究，许淑君和马士华（2001）提出供应链成员间合作关系是为实现特定创新目标而相互支持的利益共享和风险共担关系。⑦ 赵树宽等（2006）的研究认为集成供应链企业间

---

① Atallah G. Vertical R&D Spillovers, Cooperation, Market Structure, and Innovation [J]. Economics of Innovation and New Technology, 2002, 11 (3): 179 - 209.

② 牛海鹏，艾凤义. 上下游投资、下游研发的收益分配和成本分担的机制 [J]. 数量经济技术经济研究，2004，21 (7)：109 - 114.

③ 张巍，张旭梅，肖剑. 供应链企业间的协同创新及收益分配研究 [J]. 研究与发展管理，2008，20 (4)：81 - 88.

④ X Song, M Parry. A Cross - National Comparative Study of New Product Development Processes: Japan and the United States [J]. Journal of Marketing, 1997, 61 (2): 1 - 18.

⑤ M Beamon. Measuring supply chain performance International [J]. Journal of Operations & Production Management, 1999, 19 (3): 275 - 292.

⑥ Bello C, Lohtia R, Sangtani V. An institutional analysis of supply chain innovations in global marketing channels [J]. Industrial Marketing Management, 2004, 33 (1): 57 - 64.

⑦ 许淑君，马士华. 供应链企业间的战略伙伴关系研究 [J]. 华中科技大学学报，2001 (1)：78 - 81.

的合作关系具有相对较强的稳定性，能较好处理利益分配问题，有利于共同创新。[①] 杨洪涛等（2011）根据复杂巨系统方法论的"物理 – 事理 – 人理"WSR 分析框架，对国内 4 个省的 306 名创业学员进行了问卷调查与访谈，并采用结构方程模型进行了实证研究得出："关系"基础的强弱程度、"关系"原则的强弱程度、"关系"效益的强弱程度对创业供应链合作关系和创新效果有正向作用。[②]

综观供应链组织合作创新的研究，其主要关注点围绕供应链伙伴的交往关系，借助信息系统技术，从供应商、生产商、销售商直到顾客环节的互动合作模式展开讨论。其中，较多的研究偏向于分析供应链组织间的利益分配机制、信任机制和信息沟通机制。事实上，这些机制也能扩展到供应链外的更广范围的组织间合作创新领域。当然，由于供应链构成主体的范畴有限，上述机制在运用到更广范围时需要具体情况具体分析。但无疑的是，链状结构中多主体的互动关系为研究基于组织合作创新的专利实施战略联盟提供了有益的思路铺垫。

2. 集群企业合作创新

科学技术日新月异的发展使得创新速度不断加快，同时创新也越来越难。于是，创新形式由企业或知识组织单独创新向企业等组织由空间聚集而合作创新转变。在集群创新方式下，创新型企业、各种知识机构在地理空间上集中或在技术经济空间中集聚，并且与外界形成有效互动结构的产业组织形态。正是由于集群能突破企业创新瓶颈，克服创新中的困难，创新也得到了学界的普遍关注。

企业集群的形成原因是集群企业合作创新研究成果最为丰富的领域。早在 1890 年经济学家马歇尔就精辟的分析了企业集群的外部经济性，指出产业内的企业聚集乃受到技术扩散、专门需求、原材料供

---

① 赵树宽，李艳华，姜红. 产业创新系统效应测度模型研究［J］. 吉林大学社会科学学报 2006（5）：131 – 137.

② 杨洪涛，石春生，姜莹. "关系"文化对创业供应链合作关系稳定性影响的实证研究［J］. 管理评论，2011，23（4）：115 – 121.

给、运输成本低等因素的推动。① 韦伯从区位因素角度进行分析，认为大量集聚因素是产业集聚的动力。② 克鲁格曼（Krugman，1991）从规模递增收益角度探讨了不同企业集群的生成动力。③ 赖特等（Wright，2005）通过对特定产业集群的实证分析提出，集群内企业的相互学习与其突破性的产品创新之间存在显著的相关关系，即产业集群内的信息共享有助于提升企业的创新能力。④ 国内的研究：王缉慈（2001）指出集群在空间、关联和利益方面具有很强的认同和归属⑤；金祥荣和朱希伟（2002）的研究表明企业集群是由特定性知识、特质劳动力和产业氛围等产业特定性要素在特定地理空间，经过内生演化和积累最终集聚而形成，他们还通过深入研究产业内和产业间的集聚力和分散力的获取能力来剖析企业集群的发展机理⑥；李亦亮（2006）认为企业集群是大量具有经济技术和产业上关联的企业，为了获得单个企业在分立状况下孤立发展难以获得的利益，在某一较小地理空间聚集而形成的具有自组织性质的复合中间组织⑦；刘友金和刘莉君（2008）的研究表明集群内企业形成足够"场效应"集成单元的存在，以吸聚更多的群内企业进行合作创新。⑧

此外，企业集群合作创新的优势作用也得到了相应的研究。科恩和利文索尔（Cohen & Levinthal，1990）研究了基于知识吸收能力的

---

① 马歇尔. 经济学原理［M］. 北京：商务印书馆，1965：93 – 95.

② 韦伯. 工业区位论［M］. 北京：商务印书馆，1997：64 – 65.

③ P Krugman. Geography and Trade［M］. Cambridge，Massachusetts：The MIT Press，1991：21 – 23.

④ P Wright，W Judge，S Detelin. Strategic leadership and executive innovation influence：an international multi-cluster comparative study［J］. Strategic Management，2005，26（7）：665 – 682.

⑤ 王缉慈. 创新的空间——企业集群与区域发展［M］. 北京大学出版社，2001. 18 – 50.

⑥ 金祥荣，朱希伟. 专业化产业区的起源与演化——个历史与理论视角的考察［J］. 经济研究，2002（8）：74 – 82，95.

⑦ 李亦亮. 企业集群发展的框架分析［M］. 中国经济出版社，2006.

⑧ 刘友金，刘莉君. 基于混沌理论的集群式创新网络演化过程研究［J］. 科学学研究，2008，26（1）：185 – 190.

企业集群竞争优势的获取问题。[①] 波特（Porter，1998）把产业集群纳入竞争优势理论，认为产业集群将有助于形成持续的竞争优势。[②] 巴普蒂斯塔和斯旺（Baptista & Swann 1998）等的研究则表明集群化对于区域整体创新绩效有明显的促进作用。[③] 露西娅（Lucia，2000）依据演化经济学探讨了企业的相关研究能力在技术政策和合作研发方面的作用。[④] 国内在这方面有如下主要研究成果。魏守华（2002）从社会资本的角度对几种动力进行了整合，构建了相应的动力机制，以浙江嵊州领带企业集群为例，对动力机制的作用进行了实证。[⑤] 刘媛华（2012）在他们的基础上进一步研究，结果表明在企业集群的合作创新过程中，投入增长率系数是一个非常关键的参数。[⑥]

总体来看，集群企业的研究成果反映出外部经济给群内企业合作创新带来的有利因素。由地理位置接近和产业相互关联，企业通过群聚可以实现资源共享、优势互补，从而避免了过度竞争，获得规模经济效应，同时还可以分散技术创新风险。由于集群的结构本身就代表着成员协调合作的组织形式，决定了企业集群创新实质上是集群企业利用纵横交错的网络关系实现创新的复杂性动态过程，在这样的方式下进行合作创新，能极大地提高创新能力和创新效率。但同时，有学者提出，合作创新是各合作要素主体以各种形式的合作方式为手段，以提高企业能力为标志，以各参与方的效用函数取得一致或效用函数

① Cohen W，Levinthal D. Absorptive Capacity：A New Perspective on Learning and Innovation［J］Administrative Science Quarterly，1990，35（1）：128 – 152.

② Porter. Cluster and the new economics of competition［J］. Harvard Business Review，1998，76：77 – 90.

③ Baptista R，Swann P. Do firms in clusters innovate more? ［J］. Research Policy，1998，27（5）：525 – 540.

④ Lucia C. Technology policy and Cooperative R&D：The Role of Relational Research Capacity［R］. DRUID Working Paper，2000.

⑤ 魏守华，石碧华. 论企业集群的竞争优势［J］. 中国工业经济，2002，（1）：59 – 65.

⑥ 刘媛华. 企业集群合作创新涌现的动力模型研究［J］. 科学学研究，2012，30（9）：1416 – 1420.

的主要分量取得一致为目标的活动。① 那么，如果合作要素主体仅限于集群内的企业，则创新资源的来源与共享会受到一定程度的限制，诸如学研机构的科研成果、政府的红利政策等资源不能得到整合利用，就会大大影响企业创新效率。所以，集群企业的网络关系应扩展到产业集群之外，更广泛的吸纳创新资源。这样的思路既借鉴了集群企业合作创新研究成果的精华，又对其加以拓展，能为科学安排基于组织合作创新的专利实施活动提供正确引导方向。

3. 产学研合作创新

近年来，产、学、研跨界的合作创新吸引了学界越来越多的注意和研究。因为一方面，高校、科研机构等知识创造组织拥有大量新的知识成果却得不到及时运用或市场化，难以转化为现实生产力而创造社会财富，因而他们迫切希望更多的成果能够产生经济效益，从而推动知识创造工作的良性循环并创造价值，以及更好地为社会带来财富；另一方面，企业为了在激烈的市场竞争中求生存、谋发展，急需要大量的新知识、新技术、新工艺、新设备，以便产品更新换代和价值创新，但常常是很多企业急需的新科研成果和研发技术得不到满足，极大地影响了企业创新效率。可见，产学研组织间有着各自的异质资源又能互为补充，通过合作能产生最大化的创新收益。所以，学者们对产学研合作创新的研究蓬勃兴起，主要集中在合作模式、合作动力、影响因素和管理机制等方面。

国外的主要研究成果包括：科恩等（Cohen et al.，2002）指出近期发展起来的产学研合作"互动模型"表明，技术创新是一个互动过程，有的是高校、科研机构的研究开发引领企业新技术发展，有的则是先前的企业用户反馈引发出高校、科研机构需要研究的问

---

① 苏敬勤，王延章. 合作技术创新理论及机制研究［M］. 大连：大连理工大学出版社，2002：75.

题。① 巴恩斯等（Barnes et al. ，2002）分析认为业界和学研机构的合作已成为世界范围内的一大潮流，他通过评估六个学研合作研究项目的成果，以确定影响业界和学界提高合作创新成功率的因素，其结果为学界－业界开展良好的合作研究实践提供了范例。② 因泽尔特（Inzelt，2004）针对转轨经济中政府项目和公司创新活动中商界和学界的关系转型问题，以四个探索性创新项目调查为基础，实证检验了政府推动业界和学界伙伴关系的作用，认为政府项目趋向于鼓励公共研究和私有研究之间的更紧密的联系。③ 洛伊等（Looy，2004）研究发现产学研合作为企业输送最新的专业知识与技术，不仅扩大了企业的知识存量，而且企业所提供、反馈的知识对学研机构来说也是一种很好的互补资源。因此，新型产学研合作并不只是技术知识从高校、科研机构向企业的单向转移溢出，合作过程所创造的新知识和技术以及企业的知识也在不断地往高校和科研机构转移。④ 伊姆和李（Eom & Lee，2010）利用韩国创新调研数据分析学界—业界以及业界—政府之间合作的决定因素，其结果表明学界—业界—政府的合作并不能保证公司创新的成功，而是从较大程度上影响到研究方向的选择。⑤ 佩特鲁泽利（Petruzelli，2011）将研究框架拓展到特定技术和关系属性在合作创新中的联系，聚焦于技术关联度、以前的关系、地理距离这

---

① W Cohen, R Nelson, J Walsh. Links and Impacts：The Influence of Public Research on Industrial R&D［J］. Management Science, 2002, 48（1）：1 – 23.

② T Barnes, I Pashby, A Gibbons. Effective University-Industry Interaction：A multi – Case Evaluation of Collaborative R&D Projects［J］. European Management Journal, 2002, 20（3）：272 – 285.

③ Inzelt A. The Evolution of University Industry Government Relationships During Transition［J］. Research Policy, 2004（33）：975 – 995.

④ Looy B, Ranga M, Callaert J, Debackere K, Zimmermann E. Combining entrepreneurial and scientific performance in academia：towards a compounded and reciprocal Matthew-effect［J］. Research Policy, 2004, 33（3）：425 – 441.

⑤ Y Eom, K Lee. Determinants of Industry – Academy Linkages and Their Impact on Firm Performance：The Case of Korea as a Latecomer in Knowledge Industrialization［J］. Research Policy, 2010, 39（5）：625 – 639.

三个因素对合作创新的影响，对分布于 12 个欧洲国家的 33 所大学同业界合作的 796 个联合专利开发项目样本加以检测，发现产学研伙伴间技术创新关联度同创新价值之间呈倒 U 形关系。① 莱文和普利图拉（Levine & Prietula，2014）认为组织之间的开放合作度与创新关系密切，不同创新主体的合作程度、多样化需要以及组织差异程度是影响合作创新绩效的重要因素。② 玛丽埃塔（Maietta，2015）分析了企业与不同大学研发合作的决定因素及其对创新的影响，认为企业同大学的临近性与产品创新正相关。③ 这些研究从不同角度说明高校（或科研机构）和企业两类异质型组织合作创新受到多种因素的影响。

国内的研究既借鉴了国外的理论成果，也形成了自己的特色，除对产学研合作创新加以探讨外，还从中国国情出发，更多地关注了官产学研或政产学研合作问题。所以下面就从这两个角度回顾相关文献。

产学研合作创新角度的主要研究成果包括：胡恩华（2002）认为产学研合作是促进科技与经济结合的关键，也是我国经济和科技体制改革要着力解决的一个十分重要的问题。④ 丁同玉（2003）在其基础上进一步从产学研合作创新的技术供给、技术需求、合作各方利益分配、风险投资和外部环境五个方面分析产学研合作创新面临的问题，并从合作机制、利益分配机制、风险共担机制及考核机制四个方面提出对策。⑤ 何建坤（2007）等通过实证分析研究型大学的技术转

---

① A Petruzelli. The Impact of Technological Relatedness, Prior Ties, and Geographical Distance on University-Industry Collaborations: A Joint – Patent Analysis [J]. Technovation, 2011, 31 (7): 309 –319.

② S Levine, M Prietula. Open Collaoration for Innovation: Principles and Performance [J]. Organization Science, 2014, 25 (5): 1414 –1433.

③ O Maietta. Determinants of university-firm R&D collaboration and its impact on innovation [J]. Research policy, Organization Science, 2015, 44 (7): 1341 –1359.

④ 胡恩华. 产学研合作创新中问题及对策研究 [J]. 研究与发展管理, 2002, 14 (1): 54 –57.

⑤ 丁同玉. 产学研合作创新中存在的问题及对策分析 [J]. 南京财经大学学报, 2003 (3): 37 –40.

移模式，孙福全（2008）等通过比较我国和主要发达国家在产学研合作创新方面的差距，也认为产学研合作效率偏低的主要原因是创新主体之间缺乏有效的联系和互动①②；陈劲（2009）在研究中也指出产学研合作创新的关键在于创新主体的互动和交流。③ 孙伟等（2009）、刁丽琳等（2011）从综合评价的角度对国内外产学研合作创新的模式、动力、影响因素及管理机制等方面进行了讨论，认为现有研究尚未细致分析高校、科研机构和企业这几类异质型组织之间的合作冲突因素，合作机理也没完全厘清，因而有效合作创新的机理尚待深入研究。④⑤ 李成龙和刘智跃（2013）在深入分析产学研创新系统耦合、互动行为和创新绩效的基础上构建了实证研究的框架，通过收集调研问卷数据，运用结构方程模型分析方法实证检验相关假设，其研究表明产学研创新系统耦合通过互动行为影响创新绩效。⑥ 曹霞和于娟（2015）基于扎根理论的研究表明产学研合作的稳定性受到知识资源互补、合作声誉、沟通交流、合作态度的影响。⑦ 还有些学者结合某些具体领域里的产学研合作创新问题加以论述，如李江涛和许婷（2010）认为产学研是重要的技术创新模式，他们通过案例分析介绍了该创新模式在我国大型工程中的成功实践⑧；申俊喜

---

① 何建坤，周立，张继红等. 研究型大学技术转移：模式研究与实证分析 [M]. 北京：清华大学出版社，2007：195 – 196.

② 孙福全，陈宝明，王文岩. 主要发达国家的产学研合作创新——基本经验及启示 [M]. 北京：经济管理出版社，2008：1 – 151.

③ 陈劲. 新形势下产学研战略联盟创新与发展研究 [M]. 北京：中国人民大学出版社，2009：51 – 52.

④ 孙伟，高建，张帏等. 产学研合作模式的制度创新：综合创新体 [J]. 科研管理，2009，30（5）：69 – 75.

⑤ 刁丽琳，朱桂龙，许治. 国外产学研合作研究评述、展望和启示 [J]. 外国经济与管理，2011，33（2）：48 – 57.

⑥ 李成龙，刘智跃. 产学研耦合互动对创新绩效影响的实证研究 [J]. 科研管理，2013，34（3）：24 – 30.

⑦ 曹霞，于娟. 产学研合作创新稳定性研究 [J]. 科学学研究，2015（5）：741 – 747.

⑧ 李江涛，许婷. 大型工程"产学研"技术创新模式研究 [J]. 湖南社会科学，2010（2）：111 – 113.

（2011）认为发展战略性新兴产业需要产学研创新的合作，在组织方式层面上实现从基于企业技术需求到基于产业技术需求、从点对点的分散式合作到网络集成式的合作、从知识技术单向转移到双向互动、从契约式的合作到一体化的合作是新时期突破产业关键技术、提升新兴产业竞争力的基本路径；他还分析日本 VLSI 产业技术联盟的经验，表明要构建基于战略性新兴产业发展的产学研合作，就必须科学制定战略性新兴产业技术路线图、增强企业技术创新的积极性和能力、努力形成各具特色的区域新兴产业网络并强化政府的政策引导与市场培育[①]；陈伟（2012）等在归纳和总结以往学对网络结构研究基础上，确立了影响网络成员创新产出的网络结构变量，运用回归分析和网络聚类分析方法找出网络成员创新产出差异的深层次原因与创新网络的整体特征，发现中间中心性对网络成员创新促进作用的异常结论，并进行了实证分析和探讨。[②]

　　官产学研合作创新角度的主要研究成果包括：王英俊和丁堃（2004）从虚拟研发组织的实质入手，分析借助现代网络技术使政府、企业、大学及科研机构结成虚拟联盟的模式，并依据各个主体的不同地位和作用，将之划分为政府主导型、产业牵引型和学研拉动型三种模式，结合实际案例对每种模式进行了的讨论。[③] 薛捷和张振刚（2006）对共性技术的内涵特点和概念进行了研究，分析中国在科研院所转制后所出现的共性技术研发断层的实际情况以及现阶段我国在共性技术开发上所面临的挑战，并提出基于官产学研合作来组织建设产业共性技术创新平台的思想，对其组成主体的行为和基本功能进行了分析，同时对共性技术创新平台的组织运作特点进行了研究，提出

---

① 申俊喜. 基于战略性新兴产业发展的产学研创新合作研究 ［J］. 科学管理研究，2011，29（6）：1 - 5.

② 陈伟，张永超，马一博，张勇军. 区域装备制造业产学研创新网络的实证研究——基于网络结构和网络聚类的视角 ［J］. 科学学研究，2012，30（4）：600 - 607.

③ 王英俊，丁堃. "官产学研" 型虚拟研发组织的结构模式及管理对策 ［J］. 科学学与科学技术管理，2004（4）：40 - 43.

了组建共同参与管理的组织机构、建立创新平台的中心实验室以及充分利用创新平台人力资源的思路。① 王玲等（2006）分析了日本经验，认为日本在推进官产学研合作时所积累的成功经验和失败教训，对于我国建立以企业为主体、市场为导向、产学研相结合的技术创新体系来说具有一定的借鉴和参考价值。由政府出台并修订相关的产学研合作政策，指导和推进官产学研之间的深度合作，建立有效的产学研合作机制，强调创新研发项目应该必须以产学研合作为基础，把企业重大科技需求列入国家和地方重大科技计划，有效地整合各种创新资源，促使企业广泛地建立技术研发与创新联盟，相应的，要注意处理协调好企业、大学和研究机构之间的利益关系。② 张聪群（2008）认为产业共性技术是产业集群技术升级和结构升级的基础，产业共性技术的特点决定了它的创新需要官、产、学、研之间的合作，官产学研联盟是产业共性技术合作创新的组织载体。官、产、学、研是不同的利益主体，它们之间利益交集和优势互补是形成战略联盟的前提和基础，它们之间的非线性相互作用形成了官产学研联盟的合作创新机制。官产学研联盟的合作创新模式主要有地方政府主导型、行业协会主导型、龙头企业主导型，合作创新模式的选择主要取决于集群结构和创新项目。③ 李建邦和李常洪（2010）认为加强产学研合作已经成为当前我国建设创新型国家的一项非常重要的战略性举措，产学研合作本身是一个跨部门、跨行业、跨区域合作的系统性工程，在合作创新中已不单是产、学、研三方独立的内部合作，需要政府和银行以及科技中介机构的介入来促进合作的进一步深入。对政产学研金中六方

① 薛捷，张振刚．基于官产学研合作的产业共性技术创新平台研究［J］．工业技术经济，2006，25（12）：109－112.

② 王玲，张义芳，武夷山．日本官产学研合作经验之探究［J］．世界科技研究与发展，2006，28（4）：91－95，90.

③ 张聪群．基于集群的产业共性技术创新载体：官产学研联盟［J］．宁波大学学报，2008，21（3）：79－84.

的合作进行了研究，提出六方共同合作进行创新发展的必要性。① 李影（2010）通过对"长三角"官产学研的现状分析，指出"长三角"官产学研联盟存在的问题，并提出了深化政府的服务、加强"产"与"学、研"的密切结合、建立"长三角"官产学研联盟的金融支持平台、完善"长三角"官产学研联盟资源共享机制的对策。② 张满银和温世辉（2011）分析了我国官产学研合作的背景，根据最近几年的数据，运用数据包络法，测算了我国各省市的创新效率和规模收益及创新效率，发现浙江、湖北、江苏、天津、上海等省市的创新效率相对较高，对此进行了分析并提出了相关建议。③ 黄贤凤等（2012）基于我国内地 30 个省市 2001～2009 年的创新数据，以官产学研合作变量为调节变量，用面板数据研究官产学研合作对区域创新系统 R&D 投入与产出关系的影响。结果表明，官产学研合作下 R&D 人员的产出弹性会有明显提高，而 R&D 资金的产出弹性却显著降低。④ 吴姮和于丽英（2013）提出了"官产学研用"五重螺旋模型，并分析其演变机理，认为五方协同创新的发展模式不失为产学研合作的一种新途径。⑤ 潘锡杨（2014）从战略、机制和环境三个方面构建区域性政产学研协同创新体系。⑥

综观产学研合作创新的研究，国内外学者的研究比较注重从各个组织间的相互作用角度来分析产学研合作创新的组织机制、运行模

① 李建邦，李常洪. "政产学研金中"合作发展研究 [J]. 科技情报开发与经济，2010，20（12）：123－125.
② 李影. 长三角官产学研联盟的现状及对策分析 [J]. 科技管理研究，2010（14）：45－48.
③ 张满银，温世辉，韩大海. 基于官产学研合作的区域创新系统效率评价 [J]. 科技进步与对策，2011，28（11）：130－133.
④ 黄贤凤，武博，王建华. 官产学研合作对区域 R&D 产出弹性影响的实证研究 [J]. 科技进步与对策，2012，29（22）：63－66.
⑤ 吴姮，于丽英. 基于多重螺旋理论探索"官产学研用"协同创新途径 [J]. 科技和产业，2013，13（3）：57－60.
⑥ 潘锡杨. 政产学研协同创新：区域创新发展的新范式 [J]. 科技管理研究，2014（21）：70－75.

式、利益分配和风险承担问题，已逐渐从点对点的分析扩展到比较系统化的研究，并得出了契约型、非正式合作型、研发联盟型、共同研究型以及政府推动型等创新模式类型，这无疑为进一步展开产学研合作创新的研究奠定了良好基础。但现有研究的不足也比较明显：一是虽对产学研组织间合作的机理进行了较多讨论，但从长期稳定关系的角度分析问题还不够；二是尽管关注了政府等组织对产学研合作创新的作用，但如何系统化的融合政、产、学、研、用几者间的资源，形成最大化的创新合力，这样的研究较少；三是研究方法上多偏于定性研究，定量研究远远不够，需要收集较大样本数据来深化定量研究，以使研究结果更具可靠性。

4. 知识网络组织合作创新

因为创新与共生是这个时代的典型特征——企业不但要能在组织内部创造知识，并且要善于与其他组织分享各自的知识、取长补短、谋求合作实现共赢，所以知识网络逐渐成为组织合作创新研究领域中的一个热点。1998 年经济合作与发展组织（OECD）从宏观的角度解析知识网络，在关于知识经济的报告中认为知识网络是社会和经济活动形成的一个网状结构，各类企业、政府部门、科研机构、消费者和相关市场部门所建立起的知识流动、共享、创新的网络联结，并进相应的行利益分配。这一界定明确的反映了知识经济背景下，企业作为市场经济活动的微观主体，知识的边界应扩展到企业以外的社会体系中。企业聚焦于核心竞争力的外部知识资源的可获得性，搭建起与顾客、竞争者、次承包者、合作者间的关系网络和价值网络。

知识网络的研究起于国外。贝克曼（Beckmann，1995）认为知识网络是进行科学知识生产和传播的机构和活动。[①] 乌西（Uzzi，1996）提出在知识网络中，嵌入是一个交换系统，嵌入在网络中的企业比仅有较窄市场关系的企业具有更好的生存发展机会，因为他们

---

① J Beckmann. Networks in Action：Economic models of knowledge networks ［M］. Berlin：Springer - Verlag，1995.

通过嵌入获得独特的市场关系。① 马德哈万等（Madhavan et al.，1998）从商业网联动态性着手，分析渐进和激进双重变化对网络属性、运行机制、作用力量的整合性影响。② 哈林能等（Halinen et al.，1999）通过对全球钢铁产业战略联盟网络的纵向数据分析，验证了提出的假设：产业中企业间关系性战略资源通过企业活动要么使得网络结构加强，要么使得网络结构松散，其影响作用可以通过管理行为加以预测。③ 霍尔姆奎斯特（Holmqvist，1999）从企业战略联盟角度分析知识创造的网络方式，认为战略联盟的知识包括个体知识、组织知识及组织间知识；个体知识和组织知识间的转换包括潜移默化、外化、结合、内化；组织间知识转化同样经历这样四个过程，但却是一个组织特有的隐性知识到另一个组织之间的转化，即潜移默化是从组织内部隐性知识到组织间隐性知识，外化是从组织内部隐性知识到组织间显性知识，结合是从组织内部显性知识到组织间显性知识，内化则是从组织内部显性知识到组织间隐性知识。④ 索伊弗特（Seufert，1999）从制度特征、社会关系及工作流程角度提出了知识网络的立体构建，为合作创新提供了一种新的思路。⑤ 科文和乔纳德（Cowan & Jonard，2003）研究了知识网络组织合作创新的动态性。他们的进一步研究表明了网络结构和扩散效果之间的关系，指出当网络

① B Uzzi. The Sources and Consequences of Embeddedness for the Performance of Organization: the Network effect [J]. American Sociological Review. , 1996, 61（4）: 674 – 698.

② R Madhavan, B Koka, J Prescott. Networks in Transition: How Industry Events Shape Inter firm Relationships [J]. Strategic Management Journal, 1998, 19（5）: 439 – 459.

③ A Halinen, A Salmi, V Havila. From Dyadic Change to Changing Business Networks: An Analytical Framework [J]. Journal of Management Studies, 1999, 36（6）: 779 – 794. the Network effect [J]. American Sociological Review. , 1996, 61（4）: 674 – 698.

④ M Holmqvist. Learning in Imaginary Organizations: Creating Interorganizational Knowledge [J]. Journal of Organizational Change Management, 1999, 12（5）: 419 – 438.

⑤ A Seufert, G Krogh, A Bach. Towards knowledge networking [J]. Journal of Knowledge Management, 1999, 3（3）: 180 – 190.

结构具有小世界特性时，均衡网络知识水平能够达到最大值。[①] 扎赫和贝尔（Zaheer & Bell 2005）以探讨网络背后的影响机制为研究出发点，关注了企业能力在网络创新中的作用因。[②] 福瑞尔和钟（Freel & Jong，2009）则认为，激进式创新需要较大的网络规模，而渐进式创新对于规模的要求并不显著，其需要更高程度的本地嵌入性。[③] 科斯塔（Costa，2014）的研究表明跨国公司与不同国家的大学、公司形成的知识网络为创新提供巨大动力。[④]

国内近年来在知识网络研究方面取得了很大的进展。赵晓庆和许庆瑞（2002）的研究表明协调网络本身的能力是一种系统能力，使企业能够超越自己资源的限制，获取更大的竞争优势。[⑤] 程德俊（2004）认为如果将社会关系网络引入企业与企业之间，网络组织便具有了市场和组织的双重优点，企业集团作为网络组织的一种，在我国经济体制中具有重要的地位。[⑥] 郝云宏和李文博（2007）则认为知识网络是形成企业动态能力的重要知识来源，他们对知识网络的兴起背景、研究内容及新进展进行了分析。[⑦] 张龙（2007）从知识网络结构的一个方面，即网络闭合性角度展开研究，提出了知识管理的三个原则和三个方法，前者包括提高内部网络的闭合性、降低外部网络的闭合性以及平衡两者关系，后者包括知识载体网络化、知识网络模块

---

① R Cowan, N Jonard. The Dynamics of Collective Invention [J]. Journal of Economic Behavior & Organization, 2003, 52 (4)：513 – 532.

② A Zaheer, Bell G. Benefiting from network position：Firm capabilities, structural holes, and performance [J]. Strategic Management Journal, 2005, 26 (9)：809 – 825.

③ M Freel, P Jong. Market novelty, competence-seeking and innovation networking [J]. Technovation, 2009, 29 (12)：873 – 884.

④ R Costa. A methodology for unveiling global innovation networks：patent citations as clues to cross border knowledge flows [J]. SCIENTOMETRICS, 2014, 101 (1)：61 – 83.

⑤ 赵晓庆，许庆瑞. 知识网络与企业竞争能力 [J]. 科学学研究, 2002, 20 (3)：281 – 285.

⑥ 程德俊. 基于专用知识的网络组织特性分析 [J]. 科学学与科学技术管理, 2004 (2)：121 – 124.

⑦ 郝云宏，李文博. 国外知识网络的研究及其新进展 [J]. 浙江工商大学学报, 2007 (6)，70 – 75.

化和外部知识获取行为制度化。① 李浩（2007）通过微软公司和诺基亚公司的实例，揭示了三种创新中的知识网络类型：交互性知识网络、辐射型知识网络、多中介型知识网络。② 马亚男和李慧（2008）对影响知识联盟组织间技术知识共享效果的主客观因素进行研究分析，在此基础上运用博弈论方法建立理论模型，对同行业竞争企业之间结成知识联盟进行技术知识共享的过程、选择和得益进行分析，说明知识联盟组织间知识共享过程进行风险控制的必要性。③ 万君和顾新（2009）指出知识网络组织成员之间的关系强度和奖惩机制是影响知识网络合作创新效率的重要因素。④ 郭立新和陈传明（2010）从知识和资源网络的分析视角，提出了一个理论框架和仿真模型，对企业技术创新能力系统演进的驱动因素进行了研究，得出企业内外因素对系统演化的影响必须依赖和通过企业知识、资源存量及结构等结论。⑤ 李贞和张体勤（2010）利用归纳式建构和演绎式建构相结合的方法，对企业知识网络能力的理论架构进行了探索；在此基础上，他们得出企业知识网络能力的识别方法，并借鉴模糊聚类算法的思想构建了一个多维度的企业知识网络能力测度体系，从而为企业知识网络能力的定性分析和定量测度提供了工具。⑥ 任慧与和金生（2011）认为随着全球产业竞争格局和传统经济增长模式的巨大变化，企业间旧有的竞争模式在新的竞争环境下演化为网络层面的对抗与合作，同时，在技术复杂性和企业技术专业化两个趋势的相互作用之下，企业

---

① 张龙. 知识网络结构及其对知识管理的启示 [J]. 研究与发展管理，2007，19 (2)：86 – 92.

② 李浩. 企业技术创新中的知识网络分析 [J]. 情报杂志，2007 (3)：7 – 9.

③ 马亚男，李慧. 知识联盟组织间知识共享不足风险形成过程研究 [J]. 科学学与科学技术管理，2008 (1)：93 – 97.

④ 万君，顾新. 知识网络合作效率影响因素探析 [J]. 科技进步与对策，2009，26 (22)：164 – 167.

⑤ 郭立新，陈传明. 模块化网络中企业技术创新能力系统演进的驱动因素——基于知识网络和资源网络的视角 [J]. 科学学与科学技术管理，2010 (2)：59 – 66.

⑥ 李贞，张体勤. 企业知识网络能力的理论架构和提升路径 [J]. 中国工业经济，2010 (10)：107 – 116.

技术创新过程的开放与外援化成为创新过程发展的必然趋势，企业对外寻求的知识网络成为企业进行技术创新的新渠道和载体；他们由此探讨了知识网络作为技术创新模式的演化与发展趋势。① 魏旭和管见星（2011）提出由于知识供应链伙伴关系网"制度内生化"的制约作用，关系网中的四大不同区域企业群都会自觉地充分合作，汇集"异智流"，并最终按照反馈的"共享心智流"指导各自的活动，一个相对稳定的"制度内生化"知识供应链伙伴关系网就产生了。② 廖开际等（2011）基于知识网络和社会网络理论构建了创新的知识共享网络模型。③ 吕萍（2012）基于知识来源的视角，以中国 ICT 产业为例，检验了企业所有权对内外部知识网络选择和创新绩效的影响，以及内外部知识网络对企业所有权与创新绩效之间关系的调节作用。④ 周全和顾新（2013）提出，组织间交互学习有利于知识网络中知识创造——基于开放式创新的发展趋势，把目前聚焦于组织内学习的知识创造活动拓展到组织外部，知识网络中企业与其他组织之间交互学习，为知识创造开辟更宽阔的途径。⑤ 其他的研究辛晴和杨蕙馨（2012）从动态能力视角，采用实证方法，揭示了网络特征通过动态能力的中介作用影响企业创新的微观机制⑥；王海花和谢富纪（2012）以开放式创新模式下企业外部知识网络建设面临的挑战为基点，引入结构洞理论，提出了"一纵一横"的企业外部知识网络能

① 任慧，和金生. 知识网络：技术创新模式演化与发展趋势［J］. 情报杂志，2011，30（5）：104-108.

② 魏旭，管见星. 跨网络知识供应链伙伴关系网构建问题研究——基于制度内生化理论的视角［J］. 社会科学战线，2011（1）：265-266.

③ 廖开际，叶东海，吴敏. 组织知识共享网络模型研究——基于知识网络和社会网络［J］. 科学学研究，2011，29（9）：1356-1364.

④ 吕萍. 企业所有权、内外部知识网络选择和创新绩效——基于中国 ICT 产业的实证研究［J］. 科学学研究，2012，30（9）：1428-1439.

⑤ 周全，顾新. 国外知识创造研究述评［J］. 图书情报工作 2013，57（20）：143-148.

⑥ 辛晴，杨蕙馨. 知识网络如何影响企业创新——动态能力视角的实证研究［J］. 研究与发展管理，2012，24（6）：12-23.

力的提升路径，即从战略层面到战术操作再回归到战略的纵向动态循环，以及从知识结点到知识链再到利益的横向持续推进[①]；乐承毅等（2013）分析了复杂产品系统中的知识管理活动，提出并构建了跨组织知识超网络模型。[②] 周全和顾新（2014）对企业知识观演进的研究表明企业应构建动态的知识网络来推动创新发展。[③]

总体来看，学界对知识网络的研究在近年来不断推进，这是因为企业所处的外部环境越来越复杂多变，如何通过知识网络实现企业对外部资源额的利用以实现可持续发展是业界和学界都很关注的要点。知识网络是变动环境中企业为弥补知识缺口，与其他组织进行知识交流而形成的关系集合。在以创新驱动我国经济发展方式快速转变的今天，企业依托知识网络不断进行学习和创新是企业增强竞争力的重要路径。事实上，知识网络组织合作创新比起供应链、企业集群、产学研这些合作创新模式具有更好的系统性和资源互补性，为研究组织间合作创新提出了一个全新的思路和广阔的天地。然而，现有研究尽管成果丰富，但却少有针对具体创新形式，如专利实施，来分析知识网络组织如何创新。这不得不说是一个遗憾，也是一个空白，而这正为本书的研究提供了空间。

1.2.2 对战略联盟的研究

在经济全球化背景下，企业面临着多变的环境，激烈的市场竞争、快速的技术变化和由于不断开发新产品而导致成本和风险上升，这些因素使企业不可能单独完成所有的事情，战略联盟则为企业提供了一种能够渗透新市场、获得新技术分担成本和风险、调整产品开发

① 王海花，谢富纪．企业外部知识网络能力的结构测量——基于结构洞理论的研究[J]．中国工业经济，2012（7）：134 – 146.

② 乐承毅，徐福缘，顾新建，陈芨熙，王有远．复杂产品系统中跨组织知识超网络模型研究[J]．科研管理，2013，34（2）：128 – 135.

③ 周全，顾新．企业知识观演进研究[J]．情报理论与实践，2014，（2）：27 – 30，22.

时间和获得规模经济效应的组织形式。所以，战略联盟近年来一直成为学界研究的热点问题，对组织合作创新有着积极意义。其主要研究成果包括战略联盟组织间关系、战略联盟稳定性和战略联盟组织间学习机制等方面。

1. 战略联盟组织间关系的研究

一些学者注意到信任是战略联盟组织间关系的一个重要问题。路易斯和魏格特（Lewis & Weigert，1985）认为相互信任意味着"对对方的信心"与"承担脆弱性的意愿"。相互信任发生于联盟内各个成员企业之间，他们把它看作是一种心理现象，同时它也是一种社会现象，因为相互信任的首要功能是社会性的，社会因素会形成联盟内部不同类型的相互信任程度。[①] 巴尼和汉森（Barney & Hansen，1994）的研究表明低度信任意味着存在有限的机会主义可能性，但是低度信任并不必然导致联盟成员的相互欺骗；在此，成员企业之间还是表现出相互的信心，因为他们相信自己没有明显的弱点，可被他方用来作为损害自己利益的武器。这种低度信任的存在既不依赖于周密的治理机制，也不依靠成员企业对高度可信任的标准化行为规范的实施。[②] 另一些学者认为战略联盟组织形成了网络状关系。古拉提（Gulati，1998）认为战略联盟的研究在引入社会网络理论和方法之后，在研究内容上由只关注联盟及其成员的自身因素，上升到关注联盟所置身的微观企业条件、中观产业状况，以及宏观社会经济环境等全局性因素。[③] 斯图尔特（Stuart，2000）着重探讨了联盟成员的资源互补性、联盟伙伴的研发能力、联盟成员自身的知识吸收能力等对联盟及其成

---

① D Lewis，A Weigert. Trust as A Social Reality [J]. Social Forces，1985，63（4）：967 – 985.

② J Barney，M Hansen. Trustworthiness as A Source of Competitive Advantage [J]. Strategic Management Journal，1994，15（1）：175 – 190.

③ R Gulati. Alliances and Networks [J]. Strategic Management Journal，1998，19（4）：293 – 317.

员知识吸收及创新能力的影响。① 国内学者宝贡敏和王庆喜（2004）指出，战略联盟的成功主要受到结构因素和社会心理因素这两大条件的影响，而结构因素包括资源组合、社会相容性、治理机制三个方面，社会心理因素则主要指联盟企业的关系资本②；池仁勇（2005）在对浙江中小企业创新网络的分析中提到了"结构属性"，认为结构属性对联盟合作关系有着重要影响。③ 中外学者的研究表明，战略联盟能否有效运行，实现合作绩效，很大程度上依靠联盟内关系的建立和发展。

2. 战略联盟稳定性研究

比米什（Beamish，1985）和科格特（Kogut，1988）等学者开始注意到战略联盟的不稳定性，强调必须对目前和未来的战略联盟进行重新审视。④⑤ 达斯和滕（Das & Teng 1998）的研究表明企业战略联盟的建立需要经过一个伙伴搜寻、联盟构建、联盟运作以及联盟评价的过程。⑥ 严和曾（Yan & Zeng，1999）对此前的战略联盟不稳定性研究进行了比较全面的回顾，他们认为，竞合战略中的稳定性问题是一个必须重视的问题；他们还指出，尽管早期的研究强调要从联盟成员相互依存关系的角度来考察联盟稳定性问题，但是这种依存关系与战略联盟的运行之间存在什么关系、联盟不稳定性的管理属性是什么

---

① T Stuart. Interorganizational Alliances and the Performance of Firms：A Study of Growth and Innovation Rates in a High-technology Industry [J]. Strategic Management Journal，2000，21 (8)：791 – 811.

② 宝贡敏，王庆喜. 战略联盟关系资本的建立与维护 [J]. 研究与发展管理，2004，16 (3)：9 – 14.

③ 池仁勇. 区域中小企业创新网络形成、结构属性与功能提升：浙江省实证考察 [J]. 管理世界，2005 (10)：102 – 112.

④ W Beamish. The characteristics of joint ventures in developed and developing countries [J]. Columbia J. World Bus.，1985，20 (3) 13 – 19.

⑤ B Kogut. Joint ventures：theoretical and empirical perspectives [J]. Strategic Management Journal，1988，9：319 – 332.

⑥ Das K，Teng B. Resource and Risk Management in the Strategic Alliance Making Process [J]. Journal of Management，1998，24 (3)：21 – 42.

等问题尚不明确。① 在这二人的研究基础上，曾和陈（Zeng & Chen，2003）从社会困境理论出发分析战略联盟稳定性问题，构建了较为完善的社会学分析框架，他们强调信任等社会因素的重要性。② 库马尔（Kumar，2014）指出战略联盟稳定性受到联盟形成不确定性、联盟组织互动不确定性、绩效评估不确定性影响。③ 克洛塞克（Klossek，2015）的行为决策模型研究表明战略联盟的稳定性及其可持续发展基于组织间决策过程和其使用的工具。④ 国内的研究，陈菲琼和范良聪（2007）深入探讨了影响战略联盟稳定性的竞争—合作张力，强调在现代竞争环境下，基于合作竞争战略追求合成式租金对企业的长期生存与发展的重要意义。⑤ 其他的还有蔡继荣和胡培（2006）、蒋樟生和胡珑瑛（2010）分别从专有核心资产共享溢出角度、不确定条件下知识获取能力角度对技术创新联盟稳定性影响的研究。⑥⑦

3. 战略联盟组织间学习机制

路易斯（Lewis，1990）提出对于联盟学习伙伴选择的 3C 标准，即，文化相容（compatibility）、能力互补（capability）和合作承诺

---

① A Yan, M Zeng. International joint venture instability: a critique of previous research, a reconceptualization, and directions for future research [J]. Journal of International Business Studies, 1999, 30 (2): 397 – 414.

② M Zeng, X P Chen. Achieving cooperation in multiparty alliances: a social dilemma approach to partnership management [J]. Academic Management Review, 2003, 28 (4): 587 – 605.

③ R Kumar. Managing Ambiguity in Strategic Alliances [J]. California Management Review, 2014, 56 (4): 82 – 102.

④ A Klossek. Why Do Strategic Alliances Persist? A Behavioral Decision Model [J]. Managerial and Decision Economics, 2015, 36 (7): 470 – 486.

⑤ 陈菲琼，范良聪. 基于合作与竞争的战略联盟稳定性分析 [J]. 管理世界，2007 (7)：102 – 110.

⑥ 蔡继荣，胡培. 基于专用性资产及其套牢效应的战略联盟不稳定性分析 [J]. 科技进步与对策，2006 (10)：9 – 13.

⑦ 蒋樟生，胡珑瑛. 不确定条件下知识获取能力对技术创新联盟稳定性的影响 [J]. 管理工程学报，2010，24 (4)：41 – 47.

（commitment）。① 圣吉（Senge，1994）提出联盟内学习是使每一个联盟成员企业通过内部修炼成长为学习型组织，增强整体的学习能力，系统思考是最有决定性意义的修炼。② 大卫等（David et al.，1997）的研究表明对希望通过战略联盟获取知识和技能的企业而言，要取得良好的学习效果，必须将对学习活动的评估纳入绩效评价体系当中。③ 安东尼等（Anthony et al.，1998）对战略联盟组织的学习方式加以总结，概况出三种模式：规范模式、发展模式、能力模式。④ 英克彭（Inkpen，1998）指出战略联盟中的知识获取是一个可以被合伙人设计与管理的组织过程。⑤ 奥托（Otto，2012）用仿真模型验证了战略联盟组织学习中的知识获取，认为组织间信任是知识获取的基础。⑥

国内的研究包括：陈国权和马萌（2000）提出了基于知识库的组织学习过程模型。⑦ 谢泗薪等（2003）则从国内战略联盟组织的互动型学习和国外战略联盟组织的本土化学习这一双层学习视角构建了中国企业的全球学习模式。⑧ 许学国（2004）等在已有组织学习模式研究的基础上探讨了联盟组织间的学习问题，并提出了跨国公司学习

---

① J Lewis. Partnerships for Profit-structuring and Management Strategic Alliances ［M］. New York：The Free Press，1990：194 – 201.

② P Senge. The Fifth Discipline：The Art and Practice of the Learning Organization ［M］. Currency Doubleday，1994：73 – 75.

③ C David，W Slocum，P Robert. Building Cooperative Advantage：Managing Strategic Alliances to Promote Organizational Learning ［J］. Journal of World Business，1997，32（3）：203 – 2231.

④ D Anthony，C Edwin. How Organizations Learn：An Integrated Strategy for Building Learning Capability ［M］. Josseyn bass，1998.

⑤ C Inkpen. Learning，Knowledge Acquisition and Strategic Alliances ［J］. European Management Journal，1998，16（2）：223 – 2291.

⑥ P Otto. Dynamics in Strategic Alliances：A Thoery on Interorganizational Learning and Knowledge Development ［J］. Internatioanal Journal of Information Technologies and Systems Approach，2012，5（1）：74 – 86.

⑦ 陈国权，马萌. 组织学习：现状与展望 ［J］. 中国管理科学，2000，8（1）：66 – 74.

⑧ 谢泗薪，薛求知，周尚志. 中国企业的全球学习模式研究 ［J］. 南开管理评论，2003，（3）：64 – 71.

模式、供应商网络学习模式、虚拟企业学习模式等各种组织间学习模式的理论模型。① 喻红阳等（2005）对合作关系的演变模式和常规演变模式下合作关系中的组织间学习进行了研究，提出了合作关系中学习的周期性，将学习分为磨合期、发展期、稳定期和转折期四个阶段。② 杨阳等（2011）从动态视角分析在联盟生命周期的不同阶段的组织间学习特征，归纳企业在加入联盟后不同阶段的学习特点，为企业联盟管理研究提供借鉴。③

4. 专利联盟及知识联盟

为了进一步理解专利实施战略联盟，有必要分析相近类型的联盟，包括专利联盟、知识联盟。李玉剑等（2004）认为专利联盟是基于专利许可而组成的一种战略联盟形式，加强专利联盟的研究对于正处在技术追赶阶段的我国企业参与全球竞争具有十分重要的现实意义。专利联盟是指多个专利拥有者为了能够彼此之间分享专利技术或者统一对外进行专利许可而形成的一个正式或者非正式的联盟组织。④ 周朴雄（2006）等将知识联盟视为以学习和创造知识为中心目标，企业与企业或其他机构通过结盟方式，共同创建新的知识和进行知识转移的战略联盟。⑤ 徐明华等（2009）指出作为相关专利权人之间的一种战略性组织，专利联盟能较为有效地解决反"公地悲剧"问题和规避专利丛林，同时放大了专利的作用，强化了专利权人的谈判地位和征收专利许可费的能力，甚至控制和左右相关专利技术的发

---

① 学国，彭正龙，尤建. 全球化背景下的组织间学习模式研究 [J]. 管理科学，2004，17（4）：31-37.

② 喻红阳，李海婴，袁付礼. 合作关系中的组织间学习：一个动态的学习观 [J]. 科技管理研究，2005（8）：76-79.

③ 杨阳，单标，安汤淑. 战略联盟演化过程中的组织间学习特征研究 [J]. 现代情报，2011，31（5）：173-176.

④ 李玉剑，宣国良. 专利联盟：战略联盟研究的新领域 [J]. 中国工业经济，2004，（2）：48-54.

⑤ 周朴雄，颜波. 知识联盟企业技术创新的信息保障 [J]. 情报科学，2006，24（12）：1809-1813.

展走向，给联盟成员带来了巨大的利益；并指出我国企业需要深入了解和熟悉专利联盟的组织结构和运作机理，从而积极地应对国外专利联盟的市场竞争，同时也可以参与或组建自己的专利联盟组织，提高专利竞争能力。① 周青等（2012）基于浙江企业的调研数据，从联盟动机、合作方式和成果形式等方面实证分析了专利联盟提升企业自主创新能力的作用方式。实证结果表明获取技术领先优势和提升产品竞争优势的联盟动机对企业自主创新能力提升有着积极作用，"技术＋技术"和共建研发机构的合作方式与企业自主创新能力提升之间有着显著的正相关关系，市场融合、技术融合和专利融合的成果形式更有利于联盟活动的开展。而专利联盟作用的发挥更是需要有效的政策措施来加以引导保障，在政府政策的推动下可以确保专利联盟高效地提升企业自主创新能力。② 刘介明等（2010）强调加强专利联盟运作机理的研究，对于正处在技术追赶阶段的我国企业参与全球竞争具有十分重要的现实意义。专利联盟的运作机理与其所处的不同发展阶段（即不同生命周期阶段）存在密切关系。③ 从专利联盟、知识联盟的研究来看，虽然都是联盟形式，但它们在联盟目标、成员构成、运行机制、发挥作用等方面与专利实施战略联盟有着本质的区别，在后面对专利实施战略联盟的分析中，这一点将更加明确。

综观战略联盟研究，战略联盟组织间关系一直是研究热点，近年来学者们较注重从联盟稳定性来分析问题，以降低联盟不稳定带来的风险；同时，知识经济时代下，知识是企业的重要战略资源，如何通过学习机制使战略联盟组织间知识得到互补，这也引起了

---

① 徐明华，陈锦其. 专利联盟理论及其对我国企业专利战略的启示 [J]. 科研管理，2009，30（4）：162－167，183.

② 周青，陈畴镛. 专利联盟提升企业自主创新能力的作用方式与政策建议 [J]. 科研管理，2012，（33）：41－46，55.

③ 刘介明，游训策，柳建容. 基于生命周期理论的专利联盟运作机理研究 [J]. 科学学与科学技术管理，2010，（4）：56－60，65.

广泛的讨论。这些研究对本课题也有着重要启示作用，即专利实施作为一种创新活动，也需要通过联盟方式获得互补性资源，以提高创新效率，其中组织间关系的发展和对知识资源的获取尤为关键。

1.2.3 对专利实施的研究

对专利实施的研究有两个重要视角：一是从高校及科研机构的角度分析专利实施，二是从企业及产学研合作的角度研究专利实施。伯科维茨（Bercovitz，2001）研究认为，高校对专利实施的奖励制度以及科研管理部门促进专利实施的协调能力等对其专利实施率有重要影响。[1] 莫厄里和桑帕特（Mowery & Sampat，2001）也从高校角度分析了高校知识产权政策对其专利转化实施的影响，指出一个强调并激励专利实施的高校，必然具有较高的专利实施率。[2] 勒纳（Lerner，2002）指出，经济发展水平、政治环境、法律传统是影响专利保护和实施的三个重要因素。[3] 埃尔芬拜因（Elfenbein，2007）的研究发现许多受政府公共资金资助的高校、研究机构获得了专利的拥有权和收益权，从而有力地刺激了高校专利开发和实施的积极性。[4] 菲勒尔和费尔德曼（Feller & Feldman，2010）关注了高校专利的技术属性和知识产权属性，提出高校专利的实施是专利技术所有权转移

---

① J Bercovitz, et al. Organizational structure as a determinant of academic patent and licensing behavior: An exploratory study of Duke, Johns Hopkins, and Pennsylvania State Universities [J]. Journal of Technology Transfer, 2001（26）: 21 - 35.

② C Mowery, Sampat N. University patents and patent policy debates in the USA, 1925—1980 [J]. Industrial and Corporate Change, 2001, 10（3）: 781 - 814.

③ J Lerner. 150 years of patent protection [J]. The American Economic Review, 2002, 92（2）: 221 - 240.

④ D Elfenbein. Publications, patents, and the market for university inventions [J]. Journal of Economic Behavior& Organization, 2007, 63: 688 - 715.

从而商业化的过程。① 与国外的研究相比，国内一些学者也从高校角度分析专利实施问题，如党小梅和郑永平（2007）从实践角度对高校专利实施情况加以考量②，陈海秋等（2007）分析了我国高校专利实施的问题并提出了一些解决思路。③ 但很显然仅从高校角度看问题难免局限。近年来一些学者更多地从企业角度关注专利实施问题，如王黎萤和陈劲（2009）的研究表明加强企业专利实施是与企业技术创新、市场创新和经营管理密切结合的系统工程，三者之间只有相互融合，协同发展，才能使企业获得可持续的竞争优势。④ 谭龙（2013）从总量和结构角度分析我国高校专利实施许可，描绘基于高校专利实施许可的技术关联社会网络图，并提出了存在的问题及对策。⑤

　　近年来，企业及产学研合作的专利实施越来越受到学界的关注。斯文森（Svensson，2007）认为企业专利实施就是专利商业化的连续阶段，其中，在研发阶段需要财力资源的大力支持，以顺利实现专利实施。⑥ 麦克曼（Markman，2008）、韦伯斯特（Webster，2011）的研究表明专利实施本质上为专利技术商业化的过程，认为专利是知识创新的产物，更是技术性成果，只有将新型专利通过一定的流程转化

---

① I Feller, M Feldman. The Coomercialization of Academic Patents: Black boxes, pipe-lines, and Rubik's Cubes [J]. Journal of Technology Transfer, 2010, 35（6）: 597-616.

② 党小梅，郑永平. 高校专利实施工作的实践与思考 [J]. 研究与发展管理, 2007, 19（4）: 107-111.

③ 陈海秋，宋志琼，杨敏. 中国大学专利实施现状的原因分析与初步研究 [J]. 研究与发展管理, 2007, 19（4）: 101-106.

④ 王黎萤，陈劲. 企业专利实施现状及影响因素分析 [J]. 科学学与科学技术管理, 2009（12）: 148-153.

⑤ 谭龙. 我国高校专利实施许可的实证分析及启示 [J]. 研究与发展管理, 2013, 25（3）: 117-123.

⑥ R Svensson. Commercialization of Patents and External Financing During the R&D Phase [J]. Research Policy, 2007, 36（7）: 1052-1069.

为市场所需的商品，专利的价值才能真正体现出来。①② 伊斯梅尔（Ismail，2011）的案例研究发现产学研合作专利实施受到企业家及专利发明者的个性和动机、专利技术的属性和特点、组织资源稀缺性等因素影响。③ 卡瓦西罗（Cavalheiro，2015）对欧洲和巴西专利局基于信息、知识、技术的合作专利实施的研究表明，合作的方式对知识创造和技术应用的专利实施过程起着积极影响作用。④ 国内在这方面的研究也日益丰富。徐小钦和王艳侠（2009）指出在专利工作日益重要的今天，对于企业而言，怎样准确评价企业专利实施效益、全面把握专利在企业活动中的作用，这对于企业科学决策、正确引导以及有效制定与实施专利战略具有重要意义。在专利的实施过程中，企业应该从专利数量、质量、价值三方面综合考虑，以专利的质量（表征科技创新程度）和专利的价值（表征专利在经贸活动中的作用）为重点，注重"量"和"率"的结合（"量"指的是总量，评价总体实力情况；"率"评价相对强度情况，这里的"率"不仅指专利实施率）。⑤ 此外，何郁冰（2012）的研究表明，从协同创新来看，以专利为代表的知识产权成果转化就是要加强产学研合作各方的战略协同，构建大学、科研机构与企业的战略性伙伴关系。⑥ 曹祎遐（2013）提出企业应以产学研联盟、技术联盟作为平台、以专利实施

---

① G Markman，D Siegel，M. Wright. Research and Technology Commercialization［J］. Journal of Management Studies，2008，45（8）：1401 – 1423.

② E Webster. Do Patents Matter for Commercialization？［J］. Journal of Law and Economics，2011（5）：431 – 453.

③ K Ismail. Commercialization of University Patents：A Case Study［J］. Journal of Marketing Development and Competitiveness，2011，5（5）：80 – 93.

④ G Cavalheiro. Technology transfer from a knowing organisation perspective：an empirical study of the implementation of a European patent management system in Brazil［J］. World Review of Science，Technology and Sustainable Development，2015，12（2）：152 – 172.

⑤ 徐小钦，王艳侠. 企业专利实施中若干问题的分析和探讨［J］. 科学学与科学技术管理，2009（10）：123 – 126.

⑥ 何郁冰. 产学研协同创新的理论模式［J］. 科学学研究，2012，30（2）：165 – 173.

水平为创新标杆，大力推动市企业建立以专利技术产品化为核心的可持续发展商业模式，提高企业的创新能力。① 高锡荣和罗琳（2014）基于国内授权专利实施许可总量、档次及行业分布等角度，分析中国创新转型动态，认为专利实施的变化反映了中国创新转型启动，这与国家创新政策的调整关系密切。② 周全和顾新（2014）的研究认为专利实施主体多元化、关系复杂化、可利用的资源多样化，建立组织间的联盟关系能整合利用资源，提升专利实施效率。③ 毛昊（2013，2015）指出传统上的社会认知和当前的现行工作体系没有能够有效结合专利的制度、市场、技术等属性，无法有力促进专利价值实现与创新绩效提升，并提出了以基于专利应用、专利产品和研发和市场全过程的多重价值评判标准。④⑤ 可以看出，学界对专利实施的研究越来越从企业或产学研合作的角度关注专利市场价值的实现。然而，尽管上述研究已逐渐从点上研究扩展到面上研究，但专利实施涉及层面多、影响因素复杂，已有研究的系统性还比较缺乏。

1.2.4　简要评价

从上述国内外研究现状的回顾与分析可以看出，随着创新实践活动日益丰富，组织合作创新的理论也在持续发展。由聚焦于企业组织类型的供应链组织合作创新、集群企业合作创新，扩展到不同类型组

---

① 曹祎遐．专利实施：上海创新的"标尺"［J］．上海经济，2013，（5）：16－17.
② 高锡荣，罗琳．中国创新转型的启动证据——基于专利实施许可的分析［J］．科学学研究，2014，32（7）：996－1002.
③ 周全，顾新．专利实施战略联盟研究初探［J］．科学管理研究，2014，32（1）：35－38.
④ 毛昊．中国企业专利实施和产业化问题研究［J］．科学学研究，2013，31（12）：1816－1825.
⑤ 毛昊．我国专利实施和产业化的理论与政策研究［J］．研究与发展管理，2015，27（4）：100－109.

织的合作创新，如产学研组织合作创新、知识网络组织合作创新。限于篇幅，我们仅将部分有代表性的研究现状成果呈现出来，而这些成果都反映出一个很本质的东西——为了提高创新能力，组织间合作范围和合作程度在不断加大。其中，战略联盟的合作方式受到了广泛的关注和运用，因为联盟的组织成员类型多样、资源整合利用效率较高，容易产生合作创新的规模经济效应以及范围经济效应。而专利实施作为一种重要而复杂的创新活动，是从专利成果的产生一直到转化为市场所需产品的过程①，其成败关键在于实现专利的市场价值，需要多种类型组织资源的有机协同运用，战略联盟为此提供了可行的路径。

综观已有文献资料，学界对组织合作创新、战略联盟、专利实施都有了一定的关注和研究，但现有研究少有从组织合作创新的视角下探讨如何通过战略联盟形式来促进专利实施，从而留下了研究空间。本书认为专利实施是一个系统的创新工程，在市场导向下，基于组织合作创新的战略联盟对专利实施有很强的促进作用，可以展望到的未来的发展和研究趋势包括：

（1）组织合作进行专利实施这一创新活动的内在机理。从复杂系统的角度分析企业、大学、研究院所、政府、中介机构等组织之间合作进行专利实施的动机、条件和基本方式。

（2）影响专利实施战略联盟构建的因素。多个组织合作开展专利实施是一项复杂性创新活动，这要求构建专利实施战略联盟以促进组织间合作，提升专利实施效率。但由于不同组织在目标、资源、结构、文化上存在差异，并且组织外部环境、组织间关系、专利实施过程等方面也与联盟构建密切相关，就需要深入考察影响专利实施战略联盟构建的主要因素，并进行实证检验。

（3）专利实施战略联盟的运行机制。要使专利实施联盟高效运

---

① 周全，顾新，曾莉. 国外推动专利实施的财政支持机制及其启示［J］. 软科学，2012，26（9）：56－59.

作，就要探讨设计什么样的联盟运行机制来实现专利实施成功率的提高。

1.3　研　究　意　义

本书的研究意义可分为理论意义和实际应用意义两个方面：

一是理论意义：探索性的将战略联盟理论运用到专利实施领域，构建以企业、大学、研究院所为专利实施核心主体，以政府、中介机构、市场组织为辅助主体的创新联盟，厘清影响他们合作进行专利实施的因素，进而探讨该联盟的运作机制。专利实施战略联盟的构建原理和协同机制将是最重要的创新之处。

二是实际应用意义：通过本书的研究揭示出专利实施战略联盟的构建机理和联盟组织的互动机制，这能为实践中多组织协同进行专利实施的创新活动提供参考，以此促进各个组织深化合作、整合资源，提高专利实施水平，推动我国创新型经济的发展。

1.4　研究目标与内容

1.4.1　研究目标

专利实施是从专利成果向商品的"惊险一跳"，常面临着市场失灵的风险，这种风险导致企业、高校、研究机构等专利所有者的专利实施效率降低。市场失灵意味着单靠市场机制不能实现资源的最优配置。① 战略联盟作为介于企业和市场的一种中间形式，能为有效的专利实施提供思路。基于此，本书的研究目标之一是从组织之间的合作关系出发，分析组织合作创新与专利实施之间的联系，厘清专利实施的复杂性机理，由此提出通过战略联盟的合作方式应对专利实施的复杂性；研究目标之二是构建企业、大学、研究院所、政府、中介机构等组织组成的专利实施战略联盟，分析其特点和类型；研究目标之三是建立专利实施战略联盟的理论模型，探讨影响联盟构建影响因素并通过问卷调查、统计分析进行实证研究；研究目标之四是阐述专利实施战略联盟的协同机制，进行案例研究；研究目标之五是评价专利实施战略联盟的创新绩效。

1.4.2 研究内容

本书的主要研究内容共分为八章。

第1章为绪论部分，分析了研究专利实施战略联盟的背景，包括现实情况和理论基础，并进行了相关文献述评；在此基础上阐明本书的研究意义、研究目标与内容、研究思路、研究方法与创新点。

第2章为组织合作创新视角下的专利实施机理。分析组织合作创新的复杂性，界定市场导向下的专利实施的内涵和属性，阐述组织合作创新对专利实施的驱动作用，分析组织合作专利实施的复杂系统机理，提出战略联盟的方式是专利实施组织应对合作创新复杂性的战略选择。

第3章为专利实施战略联盟基本架构。阐明战略实施战略联盟建立的必要性，提出市场经济条件下的专利实施战略联盟概念，分析专利实施战略联盟的特点，归纳出专利实施战略联盟框架以反映联盟基本结构和组织间的互动关系，进而划分专利实施战略联盟主要类型，

---

① 周全，顾新，曾莉. 国外推动专利实施的财政支持机制及其启示 [J]. 软科学，2012，26 (9)：56 – 59.

并从能力评价角度选择以企业为中心的专利实施战略联盟作为首要联盟类型及研究对象。

第4章为专利实施战略联盟构建的影响因素分析。从专利实施基本过程、合作组织特征、合作组织间关系、组织外部环境等四个方面分析构建专利实施战略联盟影响因素的来源,再提炼出知识因素、技术因素、价值因素这三个最重要的影响因素,并通过理论分析明确这些影响因素同专利实施战略联盟构建的关系,由此建立起专利实施战略联盟构建影响因素的理论模型,为接下来的实证研究做好铺垫。

第5章为专利实施战略联盟构建影响因素的实证研究。通过问卷调查收集数据,然后对数据进行统计分析,以验证影响因素的作用。调查样本选取在一定范围内开展合作专利实施的企业为对象,因为在组织合作创新的专利实施中,影响因素的作用集中体现在企业专利实施的情况上,对企业参与组织合作创新中专利实施情况的调查研究会反映这些影响因素的作用,符合本书的主题和思路。实证分析验证了理论模型的假设。

第6章为专利实施协同机制:基于战略性新兴产业的理论与案例。阐述专利实施联盟组织的目标协同、资源协同、激励协同机制形成,提出 O－R－M 协同机制框架,进一步通过战略性新兴产业中的案例分析,证实专利实施战略联盟组织协同的运行机制及作用。同时由案例研究提炼了专利实施战略联盟的创新生态理论。

第7章为专利实施战略联盟创新绩效评价。对专利实施战略联盟评价的目标是整个联盟系统设计和运行的指南,确保构建联盟的功能如期实现,纠正联盟管理出现的偏差,发现和解决问题。通过设计评价指标和评价体系,采用灰色聚类评估法对影响联盟绩效的因素进行客观评价,并通过一个联盟评价的算例进行计算分析。

第8章为总结与展望。总结、梳理已取得的研究成果,提出研究的不足和未来进一步研究的方向。

1.5 研究方法、思路和创新点

1.5.1 研究方法

为了达到理论联系实际的研究效果并实现研究目标，本书采用理论研究方法和实证研究方法并用的方式，具体到各个主要研究内容的研究方法如下：

组织合作创新的专利实施机理部分运用理论分析方法、复杂系统分析方法和复杂适应系统（CAS）理论方法，解析组织合作创新的复杂性，探究专利实施与组织合作创新之间的关系，明确组织合作创新对专利实施的驱动作用，分析组织合作专利实施的复杂适应系统机理，由此提出企业等创新主体为应对组织合作专利实施的复杂性，可以选择战略联盟的方式。

专利实施战略联盟基本架构和专利实施战略联盟构建影响因素这两个部分采用了文献研究法、理论分析法、模糊层次综合评价法等方法，分别阐述专利实施战略联盟建立的必要性，界定专利实施战略联盟的概念及特点，确立专利实施战略联盟框架和联盟组织间关系结构，划分专利实施战略联盟的主要类型，确定以企业为中心的专利实施战略联盟为本书的主要研究对象；提炼出影响专利实施战略联盟构建的主要因素，建立联盟构建影响因素的理论模型。

专利实施战略联盟构建影响因素的实证研究部分采用了问卷调查法、统计分析法，制作影响因素量表问卷，通过多种渠道发放、回收和整理问卷，获得一手资料和数据，运用结构方程模型（SEM）的统计分析方法，并使用 SPSS 软件、Amos 软件等统计应用软件对数据进行处理，检验理论模型中的假设，得到实证分析结果。

专利实施战略联盟的协同机制部分采用理论分析与案例研究相结合的方法、田野调查法、比较研究等方法，运用协同学理论、混合组织理论、三螺旋协同创新理论、合作理论模型等理论推导出专利实施战略联盟组织合作专利实施的 O－R－M（目标—资源—激励）协同机制，并通过战略性新兴产业中两家新能源汽车公司的双案例调查研究验证了 O－R－M 协同机制，进一步通过对两个案例的比较分析，提炼出联盟组织协同专利实施的创新生态系统理论。

专利实施战略联盟创新绩效评价部分运用灰色聚类评估方法、专家意见法对所选取的一个专利实施战略联盟的创新绩效进行评价，通过灰色聚类评估中的白化权函数方法，结合专家意见评分，对该专利实施战略联盟创新绩效指标因素所属的灰类进行计算，从而做出评价。

1.5.2　研究思路

本书的逻辑思路为：第一部分研究组织合作创新与专利之间的关系，在界定两者概念、特征的基础上，用复杂适应系统理论分析了组织合作创新下专利实施的复杂性机理，提出有必要通过战略联盟的方式应对组织合作专利实施的复杂性；第二部分建立起专利实施战略联盟的基本框架；第三部分分析专利实施战略联盟构建的影响因素；第四部分做影响因素的统计实证研究；第五部分讨论专利实施战略联盟运作的协同机制并做相应案例研究；第六部分对专利实施战略联盟的创新绩效进行评价。研究思路可以用技术路线描述，如图 1－1 所示。

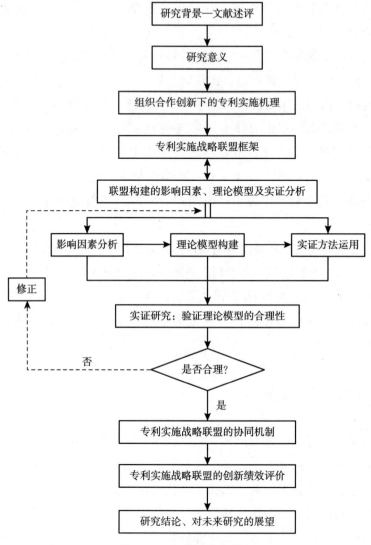

图 1-1　本书的技术路线

1.5.3　本书的创新点

本书的拟创新点包括以下几点：

（1）基于合作创新理论和开放式创新现实背景，从创新管理的视角界定专利实施的内涵，分析合作创新与专利实施之间的有机联系，并引入复杂适应系统理论论证组织合作专利实施的复杂性机理，由此提出通过战略联盟的方式应对组织合作专利实施的复杂性，以提高专利实施的效率。

（2）构建专利实施战略联盟框架，对专利实施战略联盟加以界定，分析联盟中企业、大学、研究机构、政府部门、中介机构等主体的合作关系及相互作用，并通过资源关键程度和资源流动导向两个维度划分专利实施战略联盟的主要类型，通过使用模糊层次综合评价法确定以企业为中心的专利实施战略联盟为最重要的联盟类型，并以此作为研究对象。

（3）围绕以企业为中心的专利实施战略联盟，分析影响联盟构建的主要方面，包括专利实施基本过程、合作组织特征、合作组织间关系、组织外部环境，并从中提炼出知识因素、技术因素、价值因素三个主要影响因素，建立起专利实施战略联盟构建影响因素的理论模型；进而采用统计方法对理论模型中的假设进行实证检验，验证理论模型的合理性。

（4）提出专利实施战略联盟运作的协同机制，即 O - R - M（目标—资源—激励）协同机制，通过案例研究对协同机制加以分析和证实，并通过对案例中两个研究对象的比较分析，归纳出联盟组织协同专利实施的创新生态系统理论。

（5）运用灰色聚类评估方法对一个以企业为核心的专利实施战略联盟的创新绩效进行评价，寻求提升专利实施战略联盟创新绩效的路径。

第 2 章

组织合作创新视角下的
专利实施机理[*]

自亨利·W·切斯布洛（Henry W. Chesbrough，2003）[①] 提出开放式创新以来，不同组织如何通过合作方式实现创新目标一直是学界关注的热点。在中国管理实践情景下，围绕合作创新（Collaborative Innovation）的研究成果日益丰富，其中，陈劲（2008）认为产学研组织通过联盟方式，保持长期、稳定、互惠、共生的协作关系，实现企业、高校的双赢互动，是国家创新系统的一种新的组织形式[②]；顾新（2011）对知识链管理的研究表明，知识链组织中的核心企业通过优化组织之间的知识流动过程，促进组织之间的交互学习，实现知识共享和知识创造，从而集成知识链成员的知识优势为整体创新优势[③]；刘丹等（2013）基于创新网络的分析阐明该网络中不同的创新参与者由交互作用形成直接和间接、灵活和互惠的关系，各个主体能

---

　　* 本章部分内容发表于：周全，顾新. 组织合作创新、专利实施及其关系研究 ［J］. 科学管理研究，2016（1）.

　　① H Chesbrough. Open Innovation：the New Imperative for Creating and Profiting from Technology ［M］. Boston：Harvard Business School Press，2003：43.
　　② 陈劲. 新形势下产学研战略联盟创新与发展研究 ［M］. 北京：中国人民大学出版社，2009：21.
　　③ 顾新，吴绍波，全力. 知识链组织之间的冲突与冲突管理研究 ［M］. 成都：四川大学出版社，2011：3.

够达到技术传递、知识扩散和资源共享的目标，推动知识技术升级和创新发展。[①]

在各种创新实践活动中，企业越来越依靠专利技术形成新产品获取竞争优势，并推动创新型经济发展。国内外学者对此予以高度重视。罗格·斯文松（Roger Svensson，2007）[②] 认为，从长期来看，专利对经济的贡献在于得到充分商业化。国内研究者更多的将专利商业化称之为专利实施，并从不同创新主体角度来研究该问题。王黎莹和陈劲（2009）研究发现企业综合运用专利能力等方面是影响专利实施的主要因素。[③] 石陆仁（2010）认为要将专利成果与还看不到市场需求的产品相结合，充满了高度的不确定。[④] 毛昊等（2013）认为中国企业已拥有数量庞大的专利资产，目前各界对其关注的重点从数量增长向效益实现转化。[⑤]

综观上述研究，一方面，无论产学研联盟、知识链还是创新网络或其他形式的组织合作，均属于跨组织的复杂行为，并对创新活动有着深刻影响，如何针对不同类型的创新活动构建有效的组织合作方式是提升创新效率的关键。所以，有必要厘清组织合作创新的复杂性，并以此为基础分析其对专利实施这一创新活动的作用。另一方面，对专利实施的研究尚缺少从系统角度探讨不同类型组织的合作专利实施机理。那么，组织合作创新下的专利实施的机理是怎样的，进一步而言，建立什么样的组织合作专利实施运作模式来提升专利实施率，这些是本书的研究目标。以下先从组织合作创新的内涵出发分析其复杂性，再基于专利实施活动的属性讨论组织合作创新对专利实施的作

---

① 刘丹，闫长乐. 协同创新网络结构与机理研究 [J]. 管理世界，2013（12）：1 - 4.

② R Svensson. Commercialization of Patents and External Financing During the R&D Phase [J]. Research Policy，2007，36（7）：1052 - 1069.

③ 王黎莹，陈劲. 企业专利实施现状及影响因素分析——基于浙江的实证研究 [J]. 科学学与科学技术管理，2009（12）：148 - 153.

④ 石陆仁. 专利商业化路径探讨 [J]. 中国发明与专利，2010（4）：87 - 89.

⑤ 毛昊，刘澄，林瀚. 中国企业专利实施和产业化问题研究 [J]. 科学学研究，2013，31（12）：1816 - 1825.

用，最后阐述了复杂适应系统理论视角下专利实施机理，并提出以联盟的方式促进组织合作专利实施。

2.1 组织合作创新的复杂性分析

约瑟夫·熊彼特（Joseph Schumpeter，1912）在《经济发展理论》中提出创新驱动经济发展的思想，他认为创新是那些首先把发明引入经济活动并对社会经济发生影响的活动。① 此后，欧美经济的快速发展使得技术创新得到很多研究，而日本经济的腾飞让制度创新成为研究的焦点，20 世纪八九十年代研究者们逐渐认识到了创新的多主体性、动态性、集成性等特性，形成了创新的系统范式，以"国家创新系统"为代表的研究主题将重点放在整个系统中创新互动和创新效率上。② 进入 21 世纪，知识经济时代的特点是知识密集度高和知识分工细化，这愈发要求创新主体依靠频繁互动与合作的方式促进知识流动、加强科技交流、提升创新的系统性，创新的复杂程度自然而然的不断提高。所以，从系统角度分析合作创新的复杂性是理解组织合作创新体系的基础。

2.1.1 组织合作创新的内涵

对组织合作创新的理解可以从两个角度展开：其一，立足于企业间合作，组织合作创新是通过建立跨越多个公司及产业的网络型组织结构，基于协作式的管理流程及灵活部署的关键资源，支持持续创新

---

① 约瑟夫·熊彼特. 经济发展理论（中译本）[M]. 北京：商务印书馆，1990.
② 任锦鸾，顾培亮. 基于复杂理论的创新系统研究 [J]. 科学学研究，2002，20（4）：437－440.

战略[①]；并且，在知识经济时代和网络化的环境中，企业技术创新需要获取新鲜的外部知识，企业间的知识转移直接或间接的影响着企业技术创新，不同企业必须通过合作的方式获得异质知识。[②] 其二，从更开放的角度看，由于知识及其他资源广泛分布在许多不同的实体中，所以多个实体组织必须积极参与到创新之中。组织合作创新跨越了产学研边界，是以企业、高校和科研机构为核心，在政府、科技中介服务机构、金融机构等的大力支持下，各主体为了实现各自目标，主体之间、主体内部和主体外部之间合作开展技术研究开发和应用人才培养、仪器设备共享、信息获取等活动的过程。[③]

　　事实上，现代意义上的组织合作创新已不仅仅限于企业间的合作，因为创新资源的多样性决定了参与创新的组织的多元化，知识、技术、信息、资金、政策等等都是促进创新的资源性因素，拥有各自资源优势的不同实体组织也就成为创新体系中的一员。所以本书对组织合作创新内涵的界定倾向于更加开放的视角，认为组织合作创新是企业、学研机构、中介单位、政府部门等异质组织从战略性创新导向出发结成的关系网络，嵌入在网络中的组织基于长期合作关系，依靠不断获取外部创新资源，并通过内部资源与外部资源的融合，推动创新活动持续进行。显然，组织合作创新摒弃了单一组织仅依靠自身资源创新的做法，寻求资源的整合利用，使得创新资源在更大的系统中循环。这无疑会增加创新的复杂性，但同时提升了创新资源的利用效率和更多创新成果得以应用的机会。

---

① S. Zivnuska, M. Gundlach. Book Review Essay: The Future of Innovation [J]. Academy of Management Review, 2005, 30 (3): 634 – 647.

② 张首魁，党兴华. 关系结构、关系质量对合作创新企业间知识转移的影响研究 [J]. 研究与发展管理, 2009, 21 (3): 1 – 7, 14.

③ 仲伟俊，梅姝娥，谢园园. 产学研合作技术创新模式分析 [J]. 中国软科学, 2009 (8): 174 – 180.

2.1.2 组织合作创新的复杂性特征

我国著名科学家钱学森（1990）指出，系统科学以系统为研究对象，而系统在自然界和人类社会中是普遍存在的。[①] 系统可以分为简单系统和复杂系统两大类，由数量较少的子系统组成的系统称之为简单系统，由数量较多的子系统组成的系统称之为复杂系统。到底包含了多少个子系统的系统算是复杂系统并没有一个固定的指标，但复杂系统应该具备一些必要条件。戴汝为（2001）认为复杂系统应满足的几个基本原则是：完备整体性、适当有序性、持续动态性和多维互动性。[②]

根据前面对组织合作创新概念的界定，不难看出由合作创新组织构成的创新系统是个典型的复杂系统——不同类型创新主体以局部功能整合构成具有整体功能的系统，它们按一定的竞争与合作规则有序活动，处在组织规模、能力及对环境适应的动态变化中，并不断的相互作用。而从组织理论（Organizational Theory，OT）来看，复杂系统组织具有主体多样、层次丰富、互动性强、动态演进等特点。

组织合作创新系统的复杂性在以下几个方面得到了具体体现：

1. 多元化的合作创新主体

现代创新理论认为，创新不仅仅是由生产制造型企业型或服务型企业完成的，高校、科研机构、研究基金会、中介组织、相关政府部门等都是创新主体，参与到创新活动中，并相互配合以发挥最大的创新作用。

2. 复合式的合作创新系统

多个创新主体在合作创新系统中彼此作用，形成了不同层次的创

---

① 钱学森，于景元，戴汝为. 一个科学新领域：开放的复杂巨系统及其方法论 [J]. 自然杂志，1990，13（1）：3 – 10，64.

② 戴汝为，操龙兵. 一个开放的复杂巨系统 [J]. 系统工程学报 2001，16（5）：376 – 381.

新层面。微观层面中企业、学研机构、中介组织等通过加强知识、技术的联结以获得更多的知识、技术资源来推动创新；中观层面区域创新系统中的各个主体有着各自的功能又相互作用，形成创新的网络体系；宏观层面国家创新系统包含了更多的创新主体和创新组合。不同的创新层面既自成一体又相互交织，使得合作创新系统表现为复合式的创新形态。

3. 创新主体间联系方式多样

合作创新的优势在于创新资源在创新主体间的高效流动，这要依靠创新主体间各种各样的联系方式来实现。主体间的联系可以是点对点式的，也可以是由多个点连接形成链式的，还可以是由多条链交互形成网络式的。

4. 合作创新系统不断演进

创新的合作模式本身也是一个动态演进体系，包含了各个创新主体的互动作用，创新系统在各个演进阶段经历了螺旋式上升过程。

2.2　专利实施与组织合作创新的关系

组织合作创新的复杂性特征如何对影响专利实施呢？下面先界定专利实施内涵和专利实施活动的特征，再阐述组织合作创新对专利实施的驱动作用。

2.2.1　专利实施的界定

目前管理学界对于什么是专利实施并没有统一的标准定义。有学者根据我国《专利法》的规定认为，专利实施指专利权人以生产经营为目的自行或许可他人制造、使用、许诺销售、销售、进口其专利产品，或者使用其专利方法以及使用、许诺销售、销售、进口依照该方法直接获得的产品，或者将专利权转让给他人。① 这个定义非常细致，却没有直观反映出专利实施的本质。国外的相关研究②③将专利实施视为专利技术商业化的过程，认为专利是知识创新的产物，更是技术性成果，只有将新型专利通过一定的流程转化为市场所需的商品，专利的价值才能真正体现出来。类似的，国内研究认为专利实施是专利成果商品化、产业化的应用。④

结合上述研究，从抓住事物本质的角度出发，专利实施可以被简要的定义为专利所有者通过一定路径实现专利的市场价值。具体而言，专利实施的内在要素至少包括专利技术、实施主体、实施方式、实施价值。由于专利实施主体的差异性（包括企业、大学、研究院所等）、实施方式的多样性、专利技术转化为市场价值的不确定性，专利实施绝非简单的创新活动，而需要多主体的合作与协同。⑤ 例如，企业和大学针对市场需求联合展开专利研发和实施，中介组织可以为专利实施提供所需的市场信息，政府则给予政策引导、支持。如果他们彼此间能从整体和长远的角度建立协作关系，加深互动合作，则能大大提高专利实施效率。

专利实施是专利发明的出发点和落脚点，为技术创新提供基本动力和激励机制。市场经济条件下，专利实施活动正是要将专利技术成果转化为市场成果，以体现专利的实用性和经济效益。管理学角度的专利研究不同于法律意义上的专利研究侧重于专利权保护，而是关注专利从生产到应用的市场价值。专利无疑是智慧之结晶，但只有被有效地运用起来成为符合市场需求的商品乃至产业化才具有现实意义。

---

① 吴红. 专利实施与专利运用 [J]. 电子知识产权，2008 (5)：47 – 49.

② G Markman，D Siegel，M. Wright. Research and Technology Commercialization [J]. Journal of Management Studies，2008，45 (8)：1401 – 1423.

③ E Webster. Do Patents Matter for Commercialization? [J]. Journal of Law and Economics，2011 (5)：431 – 453.

④ 邢胜才. 积极推进专利实施与产业化 [J]. 中国发明与专利，2005 (11)：16 – 23.

⑤ 周全，顾新. 专利实施战略联盟初探 [J]. 科学管理研究，2014，32 (1)：35 – 38.

所以，广义上的专利实施实际上是企业等组织使专利市场价值得以彰显的管理过程，即从知识创造到技术创新再到价值实现的一系列活动的集成。

2.2.2　专利实施活动的属性

从上述专利实施定义出发，进一步分析，专利实施活动有如下属性：

1. 以知识创造为基础

专利是一种知识产权成果，本身具有知识新颖性特点。一项授权专利之所以可能获得高额利润，就在于专利权赋予了专利所有者在一定时间内对专利及其产品的垄断权，帮助其获取研发活动的回报，而这种激励的根本来源正是专利中新知识的开发与运用。可见，知识创造构成了专利发明的根基，也是专利实施活动的基础。离开了知识的创造，专利缺乏新知识含量，专利实施将是无本之木。

日本学者野中（Nonaka，1991）将知识创造中的知识分为隐性知识和显性知识两类，隐性知识（Tacit Knowledge）存在于个体内、难以形式化和交流，显性知识（Explicit Knowledge）由系统形式语言表达、可以传递。① 知识创造的过程就是这两种知识之间的转化，即由隐性知识到隐性知识过程的共同化阶段（Socialization），隐性知识成为显性知识的表出化阶段（Externalization），由显性知识到显性知识的联结化阶段（Combination），显性知识转化为隐性知识的内化阶段（Internalization），并且隐性知识和显性知识相互转化呈螺旋形上升过程。专利实施活动中的知识创造也符合这一规律，专利发明者的内在隐性知识通过上述四阶段运转成为专利中的显性新知识，为专利转化为新产品提供了创新知识根基。正是因为知识创造构成了专利实

---

① I Nonaka. The Knowledge Creating Company［J］. Harvard Business Review，1991，69（6）：96 - 104.

施的基础部分，要提高专利实施的效率就必须以知识创造作为起点。

2. 以技术创新为内核

由新知识催生的技术创新是专利实施的核心部分。知识与技术紧密相连，却又是两个不同的概念。按照维基百科的解释，知识指通过学习或经验而获得的对诸如事实、信息、技能等事物的认识及理解；技术则指为满足人们的需要而被使用的一系列工具、流程、系统和技巧。技术是以解决人类各种需求问题为目标的对知识的具体运用，知识不断的进化推动着技术创新，以此满足人们更多、更高的需要。为了激励创新持续进行，授权专利被用来保护技术创新者的智力成果，赋予技术创新者专利垄断权及收益权，促进他们不断开发出优秀专利技术，并转化为人们所需的新产品、服务，满足他们更高层次的需求。所以，专利技术要真正具有良好的实施前景，知识创造是基础，充分的技术创新则是内在的要求。

3. 以价值实现为目标

在市场经济条件下，价值是一种对消费者可以从产品或服务中获得利益的衡量。从这个角度看，专利的价值不在于专利数量的多少，而在于专利的实施、转化等运作能够带来的市场效益，即消费者从专利实施所形成的产品、服务中得到了满意的效用，产生规模化的购买，这样企业才能获取相应的收益。以企业一年内的专利数量来衡量它的创新程度太狭窄，据统计，只有很少的专利能给企业带来巨额财富。① 因此，专利实施活动应在价值目标导向下进行，将重点放在能够创造新价值的专利开发与转化上。

一个有趣的例子是松下公司家用烤面包机专利技术的产生与运用，它很好地说明了专利实施就是围绕市场价值目标的知识创造和技术创新及转化活动。为了拓展全球的小家电市场，松下公司启动了家

---

① 谢德荪. 源创新：转型期的中国企业创新之道［M］. 北京：五洲传播出版社，2012：12－13.

用烤面包机的开发项目，准备通过实施机械装置上的专利来体现熟练面包师的手艺，使即便没有烤制面包经验的人也可以轻松的操作。[①]烤面包机不算是种新产品，其市场竞争已非常充分，要想获得消费者的青睐，必须要为消费者提供与众不同的价值。于是，松下公司对顾客的价值诉求进行了细致的调查研究，发现在美、日、欧等主要目标市场中，消费者对烹饪过程要求简单化，但对营养美味的要求却更高。基于这样的价值导向，松下公司派出技术人员到一家面包做得最好的酒店去当学徒，该技术人员经过三个月的向面包制作大厨的学习，将做出好面包的关键之处——"揉面"这一隐性知识默会于心，回到松下公司后与项目团队的研发人员进行隐性知识的交汇，将隐性知识转化为技术创新的显性知识。接着，他们以此为基础，进行了面包机"揉面"技术创新，发明了"可反转式转子"专利技术，使得应用该专利的面包机产品在自动设定模式下完成和面、揉面、烘烤等流程，既做出了美味的面包，又节省了消费者的时间。这样的面包机一上市就大受欢迎，取得了非常好的市场效果。

2.2.3　组织合作创新对专利实施活动的驱动作用

既然专利实施具有以知识创造为基础、以技术创新为核心、以价值实现为目标的特有内在规律，那么企业等组织在专利实施活动中如何能更好地按照规律行事呢？一条可行的路径就是依靠组织合作创新。这是因为在开放式创新背景下，知识分布在不同的企业、大学、研究机构等多个组织之中，需要通过合作的方式共享；同时，技术的创新与转化要求资源的充分投入，企业必须借助中介组织的信息、资金等资源，彼此的合作也是应有之义；并且，为了实现专利的市场价值，企业还离不开其他主体的支持，如研究机构的市场趋势分析、政

---

① 野中郁次郎. 创造知识的企业［M］. 北京：知识产权出版社，2006：110 - 115.

府的产业政策导向等。不难看出，组织合作创新的方式对专利实施有着积极的影响。

根据前文所述的组织合作创新的复杂性机理，组织合作创新具有复杂系统的特征，并处于动态变化之中，这样的复杂性作用于专利实施活动产生了巨大的推动力量。结合共同进化理论（Coevolving）①，本书认为组织合作创新的复杂系统特征对专利实施的根本影响作用在于促使专利实施合作组织共同演化，从而推动了专利实施的进程。

1. 合作创新提供了专利实施组织共同演化的动力

专利实施是以知识、技术为基础的创新活动，获取并利用新的知识、技术资源是专利实施的原动力。合作专利实施活动中组织的多元性决定了知识、技术资源的多样性，组织同组织之间要依靠彼此异质知识、技术的流动、扩散与吸收来实现专利实施。这一过程受到组织个体特性、合作动机、信任程度、组织能力等因素影响。② 于是，为了达到高效专利实施目的，各组织不仅要考虑自身的特点，还要兼顾其他组织的特性，通过沟通等方式谋求一致的合作目标，加深信任程度，提高合作创新的能力，以获取必要的多种知识、技术资源，由此产生了不同组织在合作专利实施历程中源源不断的共同演化动力。

2. 合作创新改变了专利实施组织共同演化的结构

合作创新下的专利实施组织系统非常类似于一个生态系统，其中的个体物种都是独特而又相互依赖的，他们的进化路线相互交织，形成了由低级到高级的共生、演化结构。随着系统复杂性增强，专利实施组织共同演化结构从单一、简要型向复合、繁杂型转变，使得不同组织分享知识的结构方式也随之升级，由伙伴式到链式，再到网式，

---

① K Eisenhardt. Coevolving：A Way to Make Synergies Work ［J］. Harvard Business Review,2000（1）：91 - 101.

② 杨波. 系统动力学建模的知识转移演化模型与仿真 ［J］. 图书情报工作，2010，54（18）：89 - 94.

以至于知识共同体式①，促使组织合作专利实施系统向以知识、技术共享为基础的开放式、立体化结构演变。

3. 合作创新提升了专利实施组织共同演化的关系

正是由于在合作创新中，专利实施组织系统的结构趋向复杂，组织与组织之间的关系状况对专利实施绩效的影响也显得愈发突出。与传统上组织间的竞争关系相比，合作关系更有利于组织共享知识、技术资产并提高专利实施效率。复杂的合作关系要求组织从长远的角度来进行关系管理，因为如果是短期行为，组织间缺乏相互的专用资产投资、知识流动以及技术互补，减少了组织合作带来的收益。② 所以，合作创新复杂系统中的专利实施组织要通过加大彼此间稀缺知识、技术资产的投入、增加交互学习、完善关系治理机制，以推动合作关系的提升，促进专利实施。

2.3　组织合作专利实施的复杂适应系统机理

在合作创新的驱动下，开展专利实施活动的相关组织形成一个复杂系统，具备前文所述的组织合作创新的复杂性特征，即多元化主体、复合式结构、多样化联系、共生型演进。并且，由于专利实施是创造知识、创新技术、实现技术转化价值的连续过程，专利实施主体必须适应复杂系统中知识广泛分布、技术快速更新、价值不断升级的现实环境。所以，这里有必要引入理论，即复杂适应系统（Complex Adaptive Systems Theory，CAS）理论，解析组织合作专利实施的复杂适应系统机理，为构建有针对性的专利实施管理体系打下基础。

---

① 王雎，罗珉. 知识共同体的构建：基于规则与结构的探讨 [J]. 中国工业经济，2007 (4)：54 - 62.

② J Dyer，H Singh. The Relational View：Cooperative Strategy and Source of Interorganizational Competitive Advantage [J]. Academy of Management Review，1998，23 (4)：660 - 679.

2.3.1　复杂适应系统理论概述

美国圣塔菲研究所（Santa Fe Institute）长期以来一直是 CAS 理论的研究中心，该研究所将复杂适应系统称为"第三代系统思想，属于 21 世纪前沿科学"。复杂适应系统是大量具有适应性的主体相互作用的系统，这些主体与其他主体及环境持续交相互动，从而聚合成更强大的新主体。[①] CAS 理论强调系统成员的"适应性"表现为主体带有明确目的并且积极主动，在与环境的反复作用中不断加强学习和增长经验，从而推动自身结构与系统结构的改变。

CAS 理论研究的集大成者约翰·霍兰德（1995）指出，聚集、流、多样性和非线性是各类复杂适应系统共有的主要特性。[②] 从组织合作创新角度理解，聚集处于复杂适应系统形成的起点，指较为简单的创新主体集合在一起彼此作用，相对低层次的小型主体形成更高层次的主体（介主体）以至更高一级的主体（介介主体），成为产生复杂适应系统的基本路径；流则引导着创新主体之间的创新资源流动，不同创新主体被视为复杂适应系统的各个节点，节点间的紧密连接意味着创新主体之间的资源相互流通与利用，推动复杂适应系统的升级；多样性体现了复杂适应系统的动态属性，是创新主体间相互作用和适应的结果，促使创新主体在系统中的生态位以自组织的方式发展变化，提供了系统演进的潜在动力；非线性解释了复杂适应系统的层次丰富、关系复杂的状态——因为各个创新主体彼此间的影响是由多重作用、多维联系以及主动适应产生的，而非单一作用、简单联系或被动适应。

---

① J Holland. Studying Complex Adaptive Systems [J]. Journal of Systems Science & Complexity, 2006, 19 (1): 1 - 8.

② J Holland. Hidden Order: How Adaptation Builds Complexity [M]. Addison - Wesley Publishing, 1995: 6 - 29.

在 CAS 理论体系中，回声模型（ECHO Model）最能体现出单个主体演化同整体系统演化之间的联系，它本质上反映了主体之间、主体与环境之间的相互作用关系。[①] 该模型强调，资源的有限性和资源分布的空间性对复杂适应系统的演进非常重要，正是由于各个主体的资源禀赋不同、所处位置各异，他们之间以及他们与环境之间的互动过程就促成了自身和整个系统的共同演化。

2.3.2　基于复杂适应系统理论的专利实施机理

不同组织通过合作方式进行专利实施时，他们之间的相互作用及其效果其实正是 CAS 理论的应用。即是说，组织合作专利实施的整个体系可以被看做是一个复杂适应系统，并形成了相应的运作机理。这是因为，首先，组织合作专利实施系统具有复杂适应系统的基本特性：聚集、流、多样性、非线性；其次，组织合作专利实施系统中各个主体拥有自身独特的资源，在系统中占据着不同的位势，为了实现将专利技术转化为创新价值的目标，这些异质主体以充分的积极主动性展开合作与竞争，他们之间有目的的交互作用促使新的结构不断涌现出来，符合回声模型对系统演化的解释。具体阐述如下：

1. "聚集" 催生新主体

在组织合作的情景下，企业、学研机构等主体通过"聚集"而产生更高级的主体，从而推动专利实施目标的达成。聚集主要有两个层面的行为：一是相似的主体集中到一起形成新的主体，即介主体；二是新的主体再聚合成更宏观的主体，即介介主体。例如，某一单个的企业开发和运用专利时，由于自身的资源有限，面临研发成本高和技术创新风险大的问题，通过寻找具有资源互补性的其他企业，结成技术联盟，这就形成了一个新的"介主体"，有利于共享技术资源、

① 付韬，张永安. 核型集群创新网络演化过程的仿真——基于回声模型［J］. 系统管理学报，2011，20（4）：406 -415.

降低技术成本和规避创新风险。再如，技术联盟遇到专利技术研发、转化中科学知识方面的难题，就需要寻求高校的知识资源支持，本着资源共用、利益共享的原则，它们之间又可以组建产学联盟，从而形成"介介主体"，通过不同主体间的合作提高创新效率。

2. "流"促进资源整合

由组织合作而产生的网络结构使得组织相互连接，资源以"流"的方式在组织间运动，为专利实施提供了资源互补的途径。多组织合作专利实施的复杂系统实际上融入了一个社会网络之中，组织之间的各种关系，如成员资格、交易互惠、彼此信任等构成结点，这些结点将组织内部和外部创新资源结合起来，便于各个组织在专利实施过程中的资源整合利用。按照社会网络理论的解释，从结点的联系强度看，网络中结点可分为强联系和弱联系，强联系指结点间的关系相对固定、具有可重复性和持续性，弱联系指结点间的关系不固定、不具有可重复性和持续性。① 强联系对专利实施的价值在于，创新性知识、技术的流动通常只发生在关系密切、互信度高的组织间，有利于企业从其他组织获取这些宝贵资源，以应对专利实施的市场不确定性。弱联系的价值在于组织间的差异较大，企业获取的异质资源能帮助企业弥补专利实施过程中的资源缺口。然而，无论是强联系还是弱联系，"流"（即资源的流动）使企业等组织通过结点获得专利实施所必需的资源连接。并且，随着时间的变化，累积的资源，包括关系资源，增强了组织在专利实施复杂系统中的适应性。

3. "多样性"造就涌现现象

组织合作专利实施的复杂系统本身是一个动态模式，"聚集"和"流"的作用促使系统中的组织不断相互适应，持续适应的结果就产生了"多样性"。事实上，系统的复杂性正是由于"多样性"催生了

---

① 张宝建，胡海青，张道宏. 企业创新网络的生成与进化——基于社会网络理论的视角［J］. 中国工业经济，2011（4）：117－126.

组织新的生态位，自组织行为即结构的涌现由此形成。涌现是在复杂系统宏观层次上出现的新的结构性质或行为模式，具有由小到大、由简至繁的基本特征。①合作专利实施系统的复杂行为是从较为简单的主体相互作用涌现而来，而非一开始就源于复杂结构。例如，企业的一个专利技术创新项目遇到某个基础科学上的难题，于是向该方面有研究特长的大学寻求帮助，他们之间的相互作用不算复杂，但却产生了产学合作这样的新结构。然而，随着创新项目增多和开发难度加大，为了适应变化，该企业与其他企业、学研机构、政府部门、中介组织的互动愈发频繁，且具有耦合性的多重关联，使得涌现不断产生，创新系统的整体行为比局部行为的总和更为复杂。

4."非线性"导致复杂性

参与专利实施活动的组织具有适应能力和主动性，它们在自组织过程中发生生态位变化时，并未遵从简单的线性关系，而是呈现出"非线性"行为特征。"非线性"是导致专利实施系统复杂性的又一重要因素。各个组织过往的经验会影响其将来的行为，在交互作用时产生正反馈和负反馈②，"非线性"成为系统的内在必然要素，使得专利实施的过程相对曲折。例如，在专利实施过程的知识创造阶段，如果企业过去与其他组织的合作知识创造以失败经历居多，则它在以后的合作创新活动中带有更多的"冲突"意识，破坏性冲突会对合作关系制造消极作用，建设性冲突能对合作关系制造积极作用，消极作用与积极作用的不确定出现、交织缠绕，使得组织合作专利实施系统以"非线性"状态运作。

5."回声模型"提供行为机制

在组织合作专利实施的复杂系统中，霍兰德构建的"回声模型"

---

① D Dougherty, D Dunne. Organizing Ecologies of Complex Innovation [J]. Organization Science, 2011, 22 (5)：1214－1223.

② D Sterman. Business Dynamics：Systems Thinking and Modeling for a Complex World [M]. Boston：McGraw Hill, 2002：510－533.

为多组织交互提供了一系列行为机制。这些机制主要包括资源交换机制、资源转化机制、黏着机制等。[①] 首先，资源交换机制允许具有异质资源和能动性的各个组织将资源投入到合作专利实施项目中，如企业的技术资源、学研机构的知识资源、政府部门的政策资源、中介机构的信息资源，不同资源的传递与融合增强了企业等创新主体的专利实施能力和地位；其次，资源转化机制是创新主体集成资源创造科技成果产品，由此获取收益并与其他主体共享；最后，创新主体在资源交换过程中有短期创新连接和长期创新连接两种方式，如果在专利实施过程中主体连续长时期连接就形成了黏着，利于创新主体最大化共享资源来实现专利商业化。这些机制以相应规则支配着专利实施系统中组织间的互动与适应，知识、技术、信息、政策等力量相互作用，使得涌现现象不断产生，将组织的个体进化同系统的整体演化联系起来，生成具有更多层次结构的复杂系统，如知识网络、创新联盟、科技孵化园，由此促进专利成果的转化。

2.3.3 战略联盟：组织合作专利实施的战略选择

通过前面的论述可以看出，合作开展专利实施的组织共同构成了一个复杂适应系统，组织的适应性造就了系统的多样性和不断演进。随之而来的一个问题是：不同组织在相互适应过程中，以什么样的方式进行合作效率较高？

实际上，组织间的适应和复杂系统的演进过程就是组织间关系演变的过程，这是因为组织合作专利实施的复杂适应机理——组织的"聚集"并以"非线性方式"以及"回声模型机制"形成"流"，本质上都是围绕创新资源的最大化利用来发生作用的；而组织间关系作为一种重要的资源配置机制，使得组织内外部各层面之间可以更方便

---

① 李晨光，张永安. 企业对政府创新科技政策的响应机理研究 [J]. 科技进步与对策，2013，30 (14)：81－87.

地得到知识、信息、技术、资金、服务等资源要素。① 组织间关系越优化，组织相互适应性越强，资源配置效率就越高。所以，专利实施复杂适应系统中组织合作创新的效率提升关键就在于组织间的关系管理。

进一步，结合本书之前阐述的专利实施的三个基本属性：以知识创造为基础、以技术创新为内核、以价值实现为导向，组织间的关系在这三个层面上都可以表现为战略联盟关系。

1. 基于知识共享的知识联盟

新知识的创造是专利实施的源头，组织合作进行专利实施时，首先需要在知识创造环节相互适应、获取短缺知识资源，这就要求安排适当的组织间关系实现知识共享。由于知识联盟的根本任务是创造、转移和应用知识，组织在结成联盟之际约定了共同的知识愿景，形成了知识创造的合作形式、规则以及文化等②；在联盟制度指导下，各个组织之间的非线性作用过程也是联盟演进的过程，包括了启动条件、多次相互学习和评价、更新合作条件的动态循环③，促进了知识的流动、互补；所以联盟的关系非常有利于不同组织共享知识资源，进而创造新知识作为专利实施的良好开端。

2. 基于技术融合的技术联盟

技术的创新及运用是专利实施的核心环节，在专利技术转化为新型产品的过程中，企业间技术资源的融合能加大提升企业的创新能力；在新的外部环境下，技术联盟成为企业有效获取专门技术、拓展及维护核心能力的基本手段。因而，联盟有助于企业等创新组织合作专利实施时的技术开发与利用。并且，知识基础观（Knowledge Based

---

①　任浩，甄杰. 管理学百年演进与创新：组织间关系的视角［J］. 中国工业经济，2012（12）：89 – 101.

②　彭灿，胡厚宝. 知识联盟中的知识创造机制：Bas – C – SECI 模型［J］. 研究与发展管理，2008，20（1）：118 – 122.

③　Y Doz, The Evolution of Cooperation in Strategic Alliance［J］. Strategic Management Journal, 1996（17）：55 – 83.

View）认为核心技术往往表现为企业在某些专门领域中的知识累积，知识合作生产是技术创新的重要模式①；而联盟对于企业间知识资产专业性和复杂性程度高的关系治理具有独特的优势，所以联盟的方式能增强企业合作技术创新过程中的相互适应，加快专利技术的推陈出新。

3. 基于多种资源整合的跨界联盟

知识资源共享和技术资源融合构成了组织合作专利实施系统演进的必要但非充分条件，在价值导向下，创新的知识、技术必须转化为符合市场需求的产品，这要求信息、资金、顾客等资源也能有机整合到系统中来。由于上述资源属于不同类型的组织，所以各类组织都必须参与到专利实施的创新活动中来。这非常类似于一个多主体的生态系统，远离均衡状态的涌现现象不断产生，其创新复杂性不言而喻。

从合作战略角度考虑，应对复杂性的有效路径之一是形成组织间动态的关系结构，增强组织间的联系、互动与反馈，寻求组织共同的目标，使系统在非均衡中保持平衡；联盟机制则搭建起组织间动态平衡的桥梁。② 即是说，在组织合作专利实施复杂系统中，建立联盟是组织相互适应、应对环境挑战、共同创造价值的战略选择。

2.4　本 章 小 结

在创新更趋开放化和市场竞争日益激烈的背景下，企业等创新主体在专利实施活动中很难拥有所需的全部创新资源，通过合作的方式来整合、利用创新资源是提高专利实施效率的必然选择。本书从组织

---

① 薛澜，沈群红．战略技术联盟研究的基本问题及其新进展［J］．经济学动态，2001（1）：47 – 51．

② B Lichtenstein，D. Plowman. The leadership of emergence：A complex systems leadership theory of emergence at successive organizational levels［J］. The Leadership Quarterly，2009，20 (4)：617 – 630.

合作创新的复杂性入手，基于市场驱动下的专利实施本质属性，提出了"知识创造—技术创新—价值实现"的专利实施基本过程；接着细致分析了组织合作创新与专利实施的关系，认为组织合作创新的复杂性推动着专利实施活动的发展；进而在复杂适应系统理论下解析专利实施的机理，发现联盟关系对专利实施复杂系统组织的相互适应和资源整合利用非常有益。因此，从系统的角度看，为提升专利实施效率，合作专利实施组织需要建立战略性的专利实施联盟。随之而来的议题是：战略性专利实施联盟的内涵是怎样的，理论基础是什么，联盟的形式如何，影响联盟建立和运作的因素有哪些？这些都是后续研究将进一步探讨的问题。

第 3 章

专利实施战略联盟基本架构[*]

上一章从组织合作创新视角对专利实施机理的研究表明，在开放式创新环境下，具有复杂性特征的专利实施活动要求创新主体由战略联盟这样的组织合作方式来适应复杂创新系统，以有力的推动专利实施；由此，专利实施战略联盟自然成为接下来要深入研究的议题。

本章将树立起专利实施战略联盟研究的基本架构。主要思路是先从现实和理论上提出对专利实施战略联盟展开研究的必要性，接着界定专利实施战略联盟的概念，然后分析其特点并描绘出专利实施战略联盟的整体框架，最后区分出联盟的基本类型并确定要研究的最主要类型。

3.1 研究专利实施战略联盟的必要性

专利在我国的创新驱动发展战略中扮演着关键角色。同时，专利的实施应用水平是科技发展能力转化为经济进步动力的最重要度量。① 目前，我国已成为专利大国。世界知识产权组织（WIPO）发

---

* 本章部分内容发表于：周全，顾新. 专利实施战略联盟初探 [J]. 科学管理研究，2014，32（1）：35 – 38.

① 曹祎遐. 专利实施：上海创新的"标尺"[J]. 上海经济，2013，(5)：16 – 17.

布的《2012 年世界知识产权指标》表明，2011 年中国超过美国，专利申请数量位居全球首位。来自国家知识产权局的统计显示，2012 年我国受理三种专利申请 205.1 万件，同比增长 26%；专利授权量达 125.5 万件，同比增长 31%。然而，专利数量迅速增长的背后却存在着巨大的隐忧。根据技术市场部门的统计，2011 年我国专利技术转让实施率为 0.29%。① 教育部《中国高校知识产权报告》中的数据显示，高校的专利实施率平均算来也只有 5%。② 还有统计显示，2013 年我国有省部级以上的科技成果 3 万多项，但是能真正得到推广并产生规模效益的仅占 10% ~ 15%；该年的专利技术超过 7 万项，然而专利实施率仅约为 10%。③ 这表明，我国数量众多的专利并未得到有效实施，没有发挥出其应有的推动创新型经济发展的作用。

专利实施问题已引起了各界的广泛关注。全国人大代表、小米公司创始人雷军在 2013 年的两会上提交了"加快专利成果转化的建议"，他认为，专利转化实施不畅将成为制约中国产业自主创新和产业升级的一个重要障碍。国家知识产权局副局长邢胜才基于政府宏观管理层面提出，我国与发达国家在专利实施方面有不小差距，需要积极推动专利实施。④ 学界从不同视角对此展开研究，例如，王黎萤和陈劲（2009）、李正卫等（2009）、陈仁松等（2010）分别从企业、高校以及产学研合作角度探讨了影响专利实施的因素。⑤⑥⑦

---

① 雨田．专利转化之困［N］．中国科学报 2012 - 5 - 19：B1 版．

② 教育部科技发展中心．中国高校知识产权报告［R］．北京：清华大学出版社，2012．

③ 中研网．我国科技高投入低产出［EB/OL］．http：//www.chinairn.com/news/20141028/094248453.shtml．

④ 邢胜才．积极推进专利实施与产业化［J］．中国发明与专利，2005（11）：16 - 23．

⑤ 王黎萤，陈劲．企业专利实施现状及影响因素分析——基于浙江的实证研究［J］．科学学与科学技术管理，2009（12）：148 - 153．

⑥ 李正卫，曹耀艳，陈铁军．影响我国高校专利实施的关键因素：基于浙江的实证研究［J］．科学学研究，2009，27（8）：1185 - 1190．

⑦ 陈仁松，曹勇，李雯．产学合作的影响因素分析及其有效性测度——基于武汉市高校授权专利实施数据的实证研究［J］．科学学与科学技术管理，2010，31（12）：5 - 10．

然而，已有研究多从单一创新主体出发来分析问题，本书认为专利实施是一个系统工程，需要多方协作，有必要构建专利实施战略联盟来促进专利的有效实施。那么，什么是专利实施战略联盟（Patent Implementation Strategic Alliance，PISA）？如何构建专利实施战略联盟的基本框架？针对这些问题，本书对专利实施战略联盟的概念做初步界定，分析其特点，由此构建起专利实施战略联盟的框架，以期为后续研究打下基础。

3.2 专利实施战略联盟的概念

专利实施战略联盟是一个新的概念，对其界定需要从专利实施的含义入手。根据我国《专利法》的解释，专利实施指以生产经营为目的权利人自行制造、销售、使用其专利产品，或者许可他人使用其专利方法制造及销售产品，或者将专利权转让给他人。其中，专利权人可以是个人，也可以是组织。由于现实中主要是以组织为单位进行专利实施，所以本书仅考虑企业、大学、研究院所等组织主体。国外研究将专利实施视为专利技术商业化的过程[1][2]。类似地，国内研究认为专利实施是专利成果商品化、产业化的应用。[3] 可见，专利实施本质上是专利所有者通过一定路径实现专利的市场价值。换言之，专利实施的内在要素至少包括专利技术、实施主体、实施方式、实施价值。由于专利实施主体的差异性（包括企业、大学、研究院所等）、实施方式的多样性、专利技术转化为市场价值的不确定性，专利实施绝非简单的创新活动，而需要多主体的合作与协同。比如，大学和企

---

① G Markman，D Siegel，Mike Wright. Research and Technology Commercialization [J]. Journal of Management Studies，2008，45（8）：1401 – 1423.

② E Webster，P Jensen. Do Patents Matter for Commercialization？[J]. Journal of Law and Economics，2011，54（5）：431 –453.

③ 邢胜才. 积极推进专利实施与产业化 [J]. 中国发明与专利，2005（11）：16 –23.

业针对市场需求联合展开专利研发和实施，中介组织可以为专利实施提供所需的市场信息，政府则给予政策引导、支持。如果他们彼此间能从整体和长远的角度建立战略联盟，加深互动合作，则能大大提高专利实施效率。

战略联盟思想的核心是组织间竞争与合作关系的均衡安排。达斯和腾（Das and Teng，2000）在对战略联盟稳定性所做的系列研究中发现，竞争与合作都会对联盟产生重大影响，而合作具有更强的激励作用，有助于联盟企业共同利益的达成。[①] 达尼诺和帕杜拉（Dagnino and Padula，2002）的进一步研究也强调竞争是基于零和博弈，而合作是基于正和博弈，后者显然有利于联盟中的企业获得收益。[②] 尽管前期研究多关注企业战略联盟，但随着实践的发展，战略联盟的范畴也在扩展。例如，国内有研究认为产学研战略联盟对国家创新系统十分重要，提出政府引导、资金支持、人才培养等多管齐下的发展方式。[③] 还有学者提出了政产学研用协同起来，以合作方式促进组织间的资源流动、优势互补，加快专利这样的创新成果转化为商业价值。[④] 因此，将战略联盟的合作共赢思想与专利实施相匹配，正是谋求多组织配合、协作实施专利的共赢之道。

基于上述分析，本书将专利实施战略联盟界定为：企业、大学、研究院所等专利实施主体与其他相关组织为了有效进行专利实施，以市场为导向，依据"资源互通，优势互补，风险分担，利益共享"原则，通过合作与协同方式而建立的联盟型组织，目标是将专利商品

---

① Das，Teng. Instabilities of Strategic Alliances：An Internal Tensions Perspective [J]. Organization Science，2000（11）：77 – 101.

② Dagnino，Padula. Coopetition Strategy：A New Kind of Interfirm Dynamics for Value Creatition [C]. Stockholm：The European Academy of Management Second Annual Conference-Innovative Research in Management，May 2002，9 – 11.

③ 原毅军，孙思思. 推进产学研战略联盟的多渠道模式研究 [J]. 科技进步与对策，2012，29（22）：7 – 10.

④ 原长弘，孙会娟. 政产学研用协同与高校知识创新链效率 [J]. 科研管理，2013，34（4）：60 – 67.

化乃至产业化，以实现专利的经济价值和社会价值。

3.3 专利实施战略联盟的特点

本质上，专利实施战略联盟是多个独立组织达成合作关系，从而有效地将专利这样的智力成果转化为高新产品这样的市场成果，它具有以下几个特点。

3.3.1 联盟成员多元化

专利实施战略联盟的成员除了企业、大学、科研院所这些拥有专利技术的主体外，还包括政府相关部门、中介机构等组织。这是因为专利实施是从专利成果向商品的"惊险一跳"，常面临着市场失灵的风险，这种风险导致企业、大学、研究院所等专利所有者的专利实施效率降低。[①] 要规避这种风险，掌握政策资源的政府部门和具备市场信息资源、服务资源的中介机构应加入到联盟当中，提供必要的政策引导与中介服务以削减市场失灵的负面影响。所以，联盟的成员是多元化的。

3.3.2 关系结构复杂化

正是因为专利实施战略联盟由多种性质的组织组成，各个组织在联盟中有着不同的分工、定位，彼此间的关系呈现多向互动和交叉融合的复杂形态，具体来说，联盟的关系结构可以分为三个层面：

（1）专利实施主体——企业、大学、科研院所间的关系，他们围

---

① 周全，顾新，曾莉. 国外推动专利实施的财政支持机制及其启示 [J]. 软科学，2012，26（9）：56-59.

绕专利实施需要进行一系列的合作：企业从大学和科研院所这样的学研机构获取科学研究成果，支持自身的专利创造，以便依靠新专利开发新产品；学研机构研发的专利需要通过企业的运营转化为市场所需的产品，实现专利的商业价值；学研机构彼此间也必须进行科学文化、技术知识的交流，以提高知识更新的效率，为专利实施提供可靠的前端。总体上，这个层面构成了专利实施战略联盟关系结构的核心层。

（2）政府同专利实施主体间的关系。专利实施既是商业活动，也是科技创新活动，政府要为专利实施主体提供良好的科技创新环境，最重要的是通过制定相关的政策法规引导和推动专利实施。研究证明中央和地方两级政府对专利活动有着不同的影响作用①，但都反映在政府设置的支持和激励机制上面。例如，从财政角度看，政府推动专利实施的机制包括树立财政支持专利实施战略，对接财政投入与专利实施的具体环节，注重财政对产学研的立体化投入，强化财政支持的法律制度。② 可以说，这个层面构成了专利实施战略联盟关系结构的支持层。

（3）中介机构同专利实施主体间的关系。专利技术在形成和转化为商品的过程中往往历经多个环节，包括实施前阶段（收集市场情报、确认商业机会、制造流程测试）、市场进入阶段和大规模生产阶段③。客观上，专利实施主体受信息、资金等资源限制，难以独立完成所有环节，需要行业协会、咨询公司、金融机构等中介组织提供帮助。所以，中介机构可以通过搭建信息平台，促进专利实施主体同产业部门的信息沟通；还可以为专利实施融资筹资，解决资金难题。④ 概言之，这个层面构成了专利实施战略联盟的辅助层。

---

① 原长弘，孙会娟. 政产学研用协同与高校知识创新链效率 [J]. 科研管理，2013，34（4）：60 – 67.

② 周全，顾新，曾莉. 国外推动专利实施的财政支持机制及其启示 [J]. 软科学，2012，26（9）：56 – 59.

③ Dagnino, Padula. Coopetition Strategy: A New Kind of Interfirm Dynamics for Value Creatition [C]. Stockholm: The European Academy of Management Second Annual Conference-Innovative Research in Management, May 2002, 9 – 11.

④ 邢胜才. 积极推进专利实施与产业化 [J]. 中国发明与专利，2005（11）：16 – 23.

3.3.3 运作方式协同化

由以上分析可以看出，专利实施战略联盟是一个复杂的系统，在运作上也需要更多采用协同的方式。按照协同学创始人哈肯的理论，复杂系统中包含的多个子系统必然相互作用，形成对促进创新有决定性作用的少数几个关键要素（序参量），推动创新系统从无序向有序演化，产生 $1+1+1>3$ 的效果。① 专利实施战略联盟正是包含了多个子系统的复杂创新系统，各子系统间互动、协作、共进的集体行为将使得整个系统趋向有序，从而实现专利的高效实施。

3.4 专利实施战略联盟框架

综合前文分析，这里可以归纳出一个专利实施战略联盟框架（见图 3 -1），以反映联盟的基本结构和组织间的互动关系。

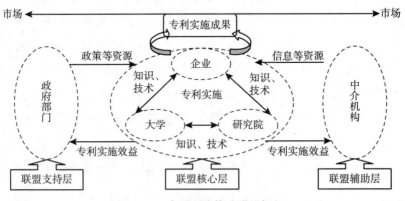

图 3 -1 专利实施战略联盟框架

---

① 赫尔曼·哈肯. 协同学——大自然构成的奥秘［M］. 上海：世纪出版集团，2005：100 -102.

在该框架中，各层面的组织基于合作共赢的战略联盟理念，达成一致的目标和承诺，开放组织边界（虚线表示组织边界是开放的而不是封闭的），形成资源的有机流动（箭头表示资源流动），从而推动专利的有效实施。

企业、大学、研究院所形成专利实施战略联盟的核心层，因为他们往往是专利的所有者，也是专利实施的主体，无论是通过商品化的方式还是转让的方式进行专利实施，他们都处于关键位置；他们之间展开科学知识、专利技术的高效流动、互补和协作，为专利实施提供核心动力，推动着专利技术成果向市场价值高效转化。政府部门是联盟支持层，通过激励政策、引导措施、制度规范支持核心层的专利实施活动；同时核心层的专利实施成果，如创新产品、高科技的产业化应用等，能产生正的外部溢出效益，推动国家或地区的创新体系发展。中介机构是联盟辅助层，包括行业协会、咨询公司、金融机构等，为专利实施活动提供信息、服务、资金等要素，在助推专利实施活动的同时也能从专利实施成果中获益。总体上，专利实施战略联盟形成一个开放式的资源协同系统，组织间的有机合作能极大提高专利实施水平，从而增强企业创新能力，推动我国创新型经济快速发展。

3.5　专利实施战略联盟类型

由于专利实施战略联盟具有成员多元化、关系复杂化、运作协同化的特点，所以专利实施战略联盟会形成多样性的结构以及不同类型的联盟组合。合理分析和划分不同类别的专利实施战略联盟，对于有针对性的研究该联盟的构建、运行和评价有着很现实的意义。下面首先讨论专利实施战略联盟类型的划分标准，再分析几种典型的联盟类型并选择本书重点研究的类型。

3.5.1 专利实施战略联盟类型的划分标准

战略联盟类型与战略联盟结构密切相关，不同的联盟结构决定了不同的联盟形态。对战略联盟结构的研究已逐渐由传统的狭窄观向现代的开放观转变。早前的战略联盟理论认为战略联盟是两个或多个企业之间的合作协议，其目的是在资源共享的基础上实现绩效提升。[①] 这种观点指出战略联盟本质上是一种合作关系。后来随着开放式创新的不断演进，研究发现企业的外部合作关系不仅局限于企业与企业之间，而是拓展到了多种组织，包括企业与用户、企业与竞争者、企业与供应商、企业与技术中介机构、企业与学研组织乃至企业与政府之间等。[②] 可以看出，战略联盟的结构正向着成员更多、关系更丰富发展，从而影响着不同类型联盟的形成，而专利实施战略联盟内在的复杂性特征使得这样的情况更加典型。

尽管专利实施战略联盟结构复杂性产生了战略联盟类型多样性，增加了划分联盟类型的难度，但无论如何，联盟的核心之处是开放式创新环境下合作创新组织间的各种资源流动利用。因此，资源异质性和流动方式构成了对联盟类型划分的主要维度。

（1）资源异质性是由拥有资源的创新主体的差别决定的，来自不同创新主体的资源具有明显差异。按照新近的研究观点，创新主体可分为企业、领先用户、主流用户、元器件—材料—设备及软件供应商、竞争对手、大学、研究所、中介组织、知识产权机构、网络社群、风投机构、政府部门等。[③] 每类主体有着自己的独特资源，可以

---

① D Ireland, A Michael. Alliance Management as a Source of Competitive Advantage [J]. Journal of Management, 2002, 28 (3): 413 – 446.

② 陈钰芬, 陈劲. 开放式创新促进创新绩效的机理研究 [J]. 科研管理, 2009, 30 (4): 1 – 9.

③ 陈劲. 全球化背景下的开放式创新：理论构建和实证研究 [M]. 北京：科学出版社, 2013.

组成不同的联盟形式。

市场竞争日益激烈的背景下，这些资源来源都对专利实施活动有着各自的作用，但却有着关键资源与非关键资源的区别。关键资源是对创新目标的达成最具有驱动力和效力的稀缺性资源。[①] 专利实施战略联盟的形成往往是围绕拥有关键资源的组织产生；但由于实施目标和路径不同，关键资源的来源就不一样，这就影响着联盟的结构形态，所以资源异质性中资源关键程度是划分联盟类型的重要标准。

（2）资源流动方式与创新主体的开放创新方式相关，不同的开放创新方式产生了不同的资源流向及渠道。创新方式可以分为内向式开放创新和外向式开放创新。[②] 内向式开放创新意味着创新组织将知识、技术、信息等外部资源吸收到组织内部来整合创新并取得商业价值；外向式开放创新恰好相反，是创新组织将内部的各种资源要素输出到其他组织进行价值创造。

同时，资源的流动还涉及资源是通过经济交易渠道完成的流动，还是通过非经济交易渠道完成的流动。[③] 例如，以追求利润为目标的企业往往是通过经济交易来完成资源流动，而非营利性服务机构更多的是由非经济交易释放资源。

资源流动的方向（内向、外向）与资源流动的途径（经济交易、非经济交易）引导着资源整合，可以统称为资源流动导向。采取内向、经济交易的方式属于资源流动强导向，因为该方式体现出较强的主导创新的动机和行为。反之则属于资源流动弱导向。由于专利实施战略联盟既需要考虑创新资源流动的深度、广度，又要考虑经济成

---

① K Claus, P Nico, H Daniel. Resource Efficiency as a Key Driver for Technology and Management [J]. International Journal of Technology Intelligence and Planning, 2010, 6 (2): 164 – 184.

② W Chesbrough, K Crowther. Beyond High Tech: Early Adopters of Open Innovation in Other Industries [J]. R&D Management, 2006, 36 (3): 229 – 236.

③ D Linus, G David. How Open Is Innovation? [J]. Research Policy, 2010, 39 (6): 699 – 709.

本，所以形成何种类型联盟的又一重要标准就是资源流动导向。

根据以上分析，专利实施战略联盟类型的划分主要依据资源关键程度和资源流动导向这两个维度。

3.5.2 两维度下专利实施战略联盟的类型划分

专利实施战略联盟是参与该联盟的各个组织自身资源和其他组织资源的战略性联接，其目的是为了拓展互补性资源的利用，从而实现专利实施目标；资源关键程度高、低和资源流动导向强、弱决定了资源联接的方式，从而决定了联盟形态类别。

从拥有不同资源的创新主体如企业、学研组织、中介机构、专业部门出发，结合资源关键程度及资源流动导向两个维度，形成"关键程度高—流动导向强"、"关键程度高—流动导向弱"、"关键程度低—流动导向强"和"关键程度低—流动导向弱"四种基本的联盟类型。

1. 以企业为主的联盟

企业依靠一系列的异质资源来获得核心能力及竞争优势，并且由于路径依赖、竞争复杂性、市场需求升级等因素，企业积累了其他组织所不及的专有创新资源。[①] 企业创新资源的独特性在长期的创新过程中逐渐形成，一般而言，创新过程包括创新战略计划、创新项目启动和创新策略实施几个连续阶段。对专利实施这样的创新活动来说，在战略计划阶段，企业识别和准备用于专利实施的各种资源，如人才、知识、技术、设备等；在创新项目启动阶段，企业确定资源组合和运用方式为专利向新产品的转化提供支撑条件；在创新策略实施阶段，企业整合使用各种资源实现专利的商业化和市场价值。

以企业为主的联盟属于资源"关键程度高—流动导向强"类型。

---

① 黄玉杰. 影响联盟治理结构选择的因素分析 [J]. 当代经济科学，2005，27 (1)：24 – 28.

　　首先，企业资源具有资源关键程度高的特征。专利实施过程中的计划、启动、实施三个阶段都以资源为基础，要求企业内部的知识资源、技术资源、人才以及物资资源的综合投入，同时有效获取供应商、学研机构等联盟伙伴的互补性资源，弥补资源"缺口"，才能完成复杂的专利实施项目，其中，企业的资源具有关键性作用。

　　其次，企业资源具有流动导向强的特征。企业往往采用内向式开放创新，即大力吸收外部的创新资源到企业内部来，以支持专利商业化的计划、启动、实施连续过程。并且，企业经常通过经济交易渠道实现资源向本方的流动，比如苹果公司将创新产品专利研发中的某些技术攻关项目外包给联盟伙伴企业，支付项目合同金额，从而获得对方的技术成果，推动专利实施。

　　2. 以学研组织为主的联盟

　　学研组织包括大学和研究机构这两种组织，从创新资源的角度看，它们都拥有较丰富的知识、技术储备。在当今的知识经济时代，大学的科学研究功能越来越突出，不断创造新知识，成为输出知识资源的重要来源。在一些大学、企业、政府合作创新系统中，大学以其知识优势居于系统的主导位置。① 类似的，高水平的研究机构以其知识创造、技术创新能力强也可以成为某些合作创新系统的主导者，如不少国家的科学院就引领着大型国家创新项目，为专利技术转化为具有强大竞争力的产品提供核心技术成果。

　　以学研组织为主的联盟属于资源"关键程度高—流动导向弱"类型。随着学研组织知识创造、技术研发能力不断提高，并且由单纯的学术研究模式转向与社会经济密切结合的双向、多向式互动研究模式，它们具备的科技资源在专利实施活动中扮演着越来越重要的角色，成为联盟组织通过合作而成功实施专利的关键因素。例如，韩国领先的理工科大学以及大德科学城的研究所与企业联合攻关，以其科

---

① G Chrys. Reframing the Role of University in the Development of Regional Innovation System [J]. Journal of Technology Transfer, 2006, 31 (1): 101 – 113.

技优势大力推进技术研发和运用，在专利成果转化方面成效显著。同时，由于学研机构不具备大规模生产设施等条件将知识技术成果商品化，而是采用外向式开放创新，知识、技术资源输出到企业，所以符合资源流动导向性弱的特征。

3. 以中介机构为主的联盟

该联盟是资源"关键程度低—流动导向强"类型。在合作创新模式下，中介机构是为两个及以上的创新主体提供关系建立、信息交换、联盟支持等功能的实体组织。中介机构通常承担着发现和介绍合作伙伴、促进联盟伙伴的知识共享、参与技术评估和标准制定等任务，起着连接资源主体的作用，在自身资源上不具备资源关键程度高的特征。并且，市场经济中的中介组织往往带有自身的经济利益诉求，在聚集信息、技术等资源的时候常采取经济交易的方式，例如，技术中介在促成技术供求双方合作的时候会收取中介费用；同时，它把供给和需求的信息都整合到组织内部，这属于资源流动导向强的方式。

现实中以中介为主的联盟似乎并不多见，但当信息资源、关系资源在专利实施过程中作用突出时，掌握着这些资源的中介机构在联盟中也会处于主导地位。例如，美国的 InnoCentive 公司是一家提供众包创新服务的中介机构，它为公司和其他各种类别的组织提供如何获得客户、合作伙伴、问题解决方案等核心信息资源。[①] InnoCentive 的关键资讯方便自己的联盟伙伴最大限度的利用其"问题解决者"网络，从而得到专利实施问题的最佳解决方案，这就形成了以 Inno-Centive 为主的联盟。

4. 以专业部门为主的联盟

专业部门是指在专利实施战略联盟中有着特定服务作用的组织。

---

① 李文元，向雅丽，顾桂芳. 创新中介在开放式创新过程中的功能研究 [J]. 科学学与科学技术管理，2012，34（4）：54-59.

这些部门可以分为官方和非官方两大类，官方部门如国家和地方的知识产权局，非官方部门如功能性或区域性的科技成果转化促进机构、产学研政介合作促进会等。它们在与企业、学研机构等形成的联盟组织互动关系中能够提供引导政策、创新动态、合作来源等资源。在有重大政策出台或创新合作机会时，就会形成以专业部门为主的联盟。

相较新创知识或高新技术而言，专业部门的资源对专利实施并非最关键的要素；而且这些部门都是非营利性机构，资源通过非经济交易的渠道向外扩散，所以以专业部门为主的联盟属于资源"关键程度低——流动导向弱"的类型。

综合上面的分析，专利实施战略联盟基本类型可用图 3 - 2 描述。

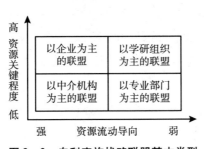

图 3 - 2　专利实施战略联盟基本类型

3.5.3　市场导向下专利实施战略联盟的首要类型

上述各类专利实施战略联盟在不同创新目标及模式下发挥着不同的作用，都推动着我国创新型经济向前发展。但其中有没有哪种联盟类型居于首要的地位呢？这需要分析与创新活动紧密相关的经济运行机制和创新组织的核心能力。

1. 以市场为导向的经济运行机制

我国目前正大力发展社会主义市场经济，市场成为配置创新资源的决定力量。在此机制下，科技、产业、经济整体发展，要求创新成果更快更好的进入市场，创造出价值。[①] 即是说，市场成为创新驱动经济发展的导向，科技创新成果在市场的沃土中结出丰硕的果实。

专利实施既是科技创新活动，又是涉及投入产出的经济活动，市场在专利研发方向、创新要素配置、合作方式选择等方面同样起着主导作用。因此，多个创新主体形成什么样类型的专利实施战略联盟，这要根据市场的选择；哪种类型的联盟更多的具有优势，其本质上是市场竞争的结果。无论是以企业为主的联盟、以学研组织为主的联盟、以中介机构为主的联盟还是以专业部门为主的联盟，在市场驱动下，都追求联盟整体利益最大化和利益共享；而利益源于市场中价值的成功交换，是由企业创造的产品和顾客需求之间的对接实现的。换言之，企业处于科技与经济相结合的最前沿，以企业为主的联盟也最能够了解和应对市场变化，选择专利技术创新及商业化的路径，从而协同联盟伙伴资源创造市场价值。所以，在市场主导的经济运行机制中，以企业为主的专利实施战略联盟应是联盟类型的首要选择。

2. 创新组织的核心能力

由于前述四种类型的专利实施战略联盟中每种联盟都有自己处于关键地位的创新组织，如以企业为主的联盟的关键创新组织是企业，以学研组织为主的联盟的关键创新组织是大学及研究机构，联盟中关键组织的核心能力往往决定了整个联盟的创新水平和成效，从而决定了该类型联盟是否是专利实施活动中最为主要的创新联盟。相较于学研组织、中介机构、专业部门等组织而言，企业与市场最为接近，在知识管理、技术创新、价值创造等环节的市场导向性更强，在面向市场的综合创新能力方面具有一定的优势——这种优势其实就是核心能力的表现。因此，从创新组织的核心能力看，以企业为主的专利实施战略联盟依然是首要的联盟类型。

3. 联盟中企业核心能力的判断

为了更清晰地显示以企业为主的专利实施战略联盟中企业作为关

---

① 王志刚. 健全技术创新市场导向机制 [J]. 求是，2013（23）：18 – 22.

键创新组织的核心能力，以便企业在选择联盟伙伴时发挥优势、弥补短板，更好的做到资源互补，下面运用模糊层次综合评价法对企业的核心能力加以判断：

（1）企业核心能力判断的指标体系。

企业核心能力被看作是企业长期学习积累下来的、整合多种技术技能而形成的独特学识。① 一般意义上的企业核心能力一方面要依靠组织中生产技巧等多种技能的融合，另一方面还离不开价值观在组织中的贯通。而对于处在专利实施战略联盟关键位置的企业来说，除了具备这些核心能力的基本点外，还需要评判企业知识管理能力、资源整合能力和创新协调能力。

知识管理能力是判断企业核心能力的第一个评价标准，这是因为专利实施的起点是创新知识，由新知识形成专利，进一步转化为符合市场需求的专利产品；对知识的管理影响着专利实施的效果。知识管理能力表现为企业知识获取、知识共享和知识应用三方面能力。② 知识获取能力不仅是增加企业知识存量的能力，还要发现、引导、集成知识到企业知识网络中，与现有知识有机结合，产生推动企业创新演进的动力。知识共享能力既包括企业内部知识共享能力，也包括企业与联盟伙伴的知识共享能力，产生知识利用的规模效应和互补效应，能极大地促进创新。知识应用能力是在个人、团队或组织层面利用知识创造价值的能力，是知识价值的最终实现。这三种能力与企业创新的核心能力紧密相关，因此，在知识管理评价标准下包括了知识获取能力、知识共享能力、知识应用能力三个具体指标。

资源整合能力是判断企业核心能力的第二个评价标准，这是因为专利实施是复杂的创新活动，对资源运用要求高，企业必须要整合利

---

① K Prahalad, G Hamel. The Core Competence of Corporation [J]. Harvard Business Review, 1990 (5)：79 - 91.

② K Dalkir. Knowledge Management in Theory and Practice [M]. Oxford：Elsevier Inc, 2005 (5)：1 - 6.

用各种资源，资源整合能力对于有效专利实施起着重要作用。资源整合能力可以分为企业外部资源整合能力和企业内部资源整合能力。[①]一方面，企业的外部资源整合是企业通过社会资本提高企业使用外部资源的能力，实际上就是要充分利用来自联盟伙伴的各种互补性资源，如学研组织的知识资源、中介机构的信息资源、政府部门的政策资源等。另一方面，企业的内部资源整合是企业通过组织中的资源管理系统优化创新资源集成运用的能力，以发挥有限资源的最大效力，使专利实施活动的投入产出比更佳。所以，资源整合能力标准包含外部资源整合能力和内部资源整合能力两个具体指标。

创新协调能力是判断企业核心能力的第三个评价标准，这是因为在开放创新时代，企业的专利实施活动跨越组织边界，组织间的协调对专利实施成功至关重要，企业作为联盟中的核心组织，应具备良好的创新协调能力。由于跨组织创新涉及多个组织的长期合作，面临着组织间战略方向匹配、组织目标对接、文化差异融合等关键问题，相应的，企业创新协调能力体现为战略协调、组织协调、文化协调等方面。[②]战略协调是各个组织围绕专利实施的战略定位、规划、实施、反馈、调整问题取得一致；组织协调是组织间以正式或非正式方式在组织目标、结构、人员、设备等要素上相互配合，支持专利实施；文化协调是通过有效的沟通消除不同组织的文化差异，避免文化冲突给组织合作专利实施带来阻碍。据此，创新协调能力标准包括战略协调能力、组织协调能力、文化协调能力三个具体指标。

综合以上分析，对企业核心能力评判指标的构成描述如图 3 - 3 所示。

[①] C Mele, T Spena. Co-creating Value Innovation Through Resource Integration [J]. International Journal of Quality and Service Sciences, 2010, 2（1）: 60 - 78.

[②] B Laperche. How to Coordinate the Networked Enterprise in a Context of Open Innovation? A New Function for IPR [J]. Journal of the Knowledge Economy, 2012, 3（4）: 354 - 371.

目标层（*G*）　　　　准则层（*C*）　　　　　　　指标层（*U*）

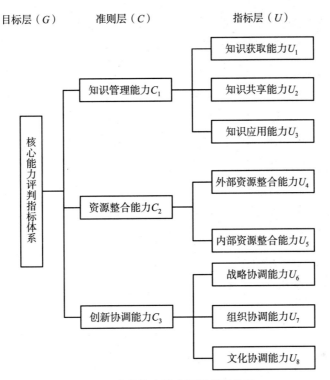

图 3 - 3　企业核心能力评判指标体系

在该指标体系图中，本书将目标层命名为 *G*（取"目标"一词 Goal 的首字母），将准则层的三个方面命名为 *C*（取"准则"一词 Criteria 的首字母），将指标层的因素命名为 *U*（取"指标因素"一词 Unit 的首字母），以方便下面的评价分析。

（2）模糊层次综合评价方法。

在确立了企业核心能力评判指标体系后，这里选择模糊层次综合评价法对居于专利实施战略联盟关键位置的企业的核心能力加以评价。模糊层次综合评价法（Fuzzy Analytic Hierarchy Process，FAHP）是将模糊综合评价法（Fuzzy Comprehensive Evaluation，FCE）与层次分析法（Analytic Hierarchy Process，AHP）结合起来使用的一种评价方法。[①] 该方法的优点是定性评价与定量评价相结合，立足于层次分析法所确定的指标或因素集，再用模糊综合评价进行效果评判，从而实现可靠的评价。

模糊层次综合评价法一般分为确定模糊集合、建立评价指标的权重、获得模糊综合评价矩阵、进行复合运算得到评价结果、计算评价对象综合分值等几个连续的步骤。[②] 结合前面建立的企业核心能力评判指标体系，具体评价过程如下：

第一步，确定模糊集合（包括评价对象集、因素集、评语集）。

对象集可以表示为：$C = \{c_1, c_2, c_3, c_4, c_5, \cdots, c_i\}$，其中，$c_i$表示企业参与核心能力评判的某项核心能力。

因素集可以表示为：$U = \{u_1, u_2, u_3, u_4, u_5, \cdots, u_m\}$，其中，$u_m$表示某项具体的评价指标，由于在本书的企业核心能力评判指标体系中有 8 项指标，所以 u_1，u_2，$\cdots$，u_8 分别代表知识获取能力、知识共享能力、知识应用能力、外部资源整合能力、内部资源整合能力、战略协调能力、组织协调能力、文化协调能力这 8 个评价指标因素。

评语集又称为决断集，可以表示为：$V = \{v_1, v_2, v_3, v_4, v_5, \cdots, v_n\}$，其中，$v$ 代表评价的强弱度，例如，评语集中是 v_1，v_2，v_3，v_4，则分别代表好、较好、一般、差。

第二步，根据层次分析法确定 m 个评价指标的权重向量。

首先构建企业核心能力评判层次体系（如前文图 3 - 3）；接着用多维标度法做两两比较，在判断矩阵建立的基础上进行一致性检验；然后通过数学方法确定各层次所含因素的权重值，可采用的方法包括几何平均法、算数平均法、特征向量法、最小二乘法[③]；这里采用特

---

① W Lee, H Lau, Z Liu, S Tam. A Fuzzy Analytic Hierarchy Process in Modular Product Design [J]. Expert System, 2001, 18 (1): 32 - 42.

② 江高. 模糊层次综合评价法及其应用 [D]. 天津：天津大学，2005：35 - 36.

③ 邓雪，李家铭，曾浩健，陈俊羊，赵俊峰. 层次分析法权重计算方法分析及其应用研究 [J]. 数学的实践与认识，2012，42 (7)：93 - 100.

征向量法，得出第一层和第二层的权重为：

$$W_G = (u_1, u_2, u_3), \quad W_{C1} = (u_{11}, u_{12}, u_{13}),$$

$$W_{C2} = (u_{21}, u_{22}), \quad W_{C3} = (u_{31}, u_{32}, u_{33})$$

由此，合成权重向量可计算为：

$$W_T = W_C \cdot W_G = [W_{C1}, W_{C2}, W_{C3}] \cdot W_G$$

第三步，构建模糊综合评价矩阵。

$$R = \begin{pmatrix} R_1 \\ R_2 \\ \vdots \\ R_j \end{pmatrix} = \begin{pmatrix} r_{11} & r_{12} & r_{13} & r_{14} \\ r_{21} & r_{22} & r_{23} & r_{24} \\ \vdots & \vdots & \vdots & \vdots \\ r_{j1} & r_{j2} & r_{j3} & r_{j4} \end{pmatrix} \qquad (j = 8)$$

该矩阵表示出因素领域与评语领域之间的模糊关系；在本书中，共有 u_1 到 u_8 8 个因素，即因素集为 $U = \{u_1, u_2, u_3, u_4, u_5, \cdots, u_8\}$，而评语集为 $V = \{v_1, v_2, v_3, v_4\}$，因此 R 矩阵的第 j 行 $R_j = \{r_{j1}, r_{j2}, r_{j3}, r_{j4}\}$ 是第 i 个因素 u_i 的单因素评价，它是 V 上的模糊子集。通过收集评判专家的评判意见，得到对因素指标 u_i 的 v_1 评语有 v_{j1} 个，v_2 评语有 v_{j2} 个，v_3 评语有 v_{j3} 个，v_4 评语有 v_{j4} 个，那么可做如下计算[1]：

$$r_{j1} = v_{j1} \Big/ \sum v_{jn}, \ r_{j2} = v_{j2} \Big/ \sum v_{jn}, \ r_{j3} = v_{j3} \Big/ \sum v_{jn},$$

$$r_{j4} = v_{j4} \Big/ \sum v_{jn}, \ \sum v_{jn} = v_{j1} + v_{j2} + v_{j3} + v_{j4}$$

第四步，通过复合运算得出评价结果。

模糊矩阵运算式为：$B = A \circ R$，式中 $B = (b_1, b_2, b_3, \cdots, b_m)$ 为一个 V 上的模糊向量；这里对 b_i 的计算使用 $M = (\wedge, \Theta)$ 型算子，在该运算中，矩阵运算中的乘采用逻辑乘 $A(\min)$，运算中的和为 Θ，有界和 Θ 表示：$a\Theta b = \min(a + b, 1)$。[2] 再在运算中对 B 做归

① 赵晓荣. 虚拟企业盟主的评判研究 [J]. 中国软科学, 2003, 18 (6)：92 - 95.

② 蒋晓芸, 王齐. 企业核心能力测度的多层次模糊综合评判数学模型 [J]. 经济数学, 2003, 20 (1)：55 - 62.

一化处理，设 $\beta = \sum_{i=1}^{4} bi$，可得：$B = (b_1/\beta, b_2/\beta, b_3/\beta, b_4/\beta) = (b_1', b_2', b_3', b_4')$。① 评价结果的判别可以看 $b_1' + b_2'$ 的值是多少，若果 b_1' 加 b_2' 的和大于 0.5，意味着"好"与"较好"的总体比例超过 50%，那就表明企业在该项核心能力上处于联盟各组织中的优势地位；如果得出企业在其他核心能力项上评价结果与此类似，那么在专利实施战略联盟中，企业与其他联盟组织相比则具备更强的整体能力，既是说企业在联盟中发挥着更为关键的作用，也就意味着以企业为主导的专利实施战略联盟是首要的联盟类型。

（3）企业核心能力判断的算例。

结合企业核心能力判断的指标体系和模糊层次综合评价方法，假设对以企业为主的专利实施战略联盟中企业的核心能力进行测评、判断，进行如下计算：

首先，运用层次分析法计算出各指标的权重，包括准则层对目标层的判断矩阵和计算，指标层对各准则层的判断矩阵和计算。

准则层对目标层的判断矩阵及计算结果：

G	C_1	C_2	C_3	W
C_1	1	1	3	0.4286
C_2	1	1	3	0.4286
C_3	1/3	1/3	1	0.1428

$\lambda_{max} = 3$，$CI = 0$，$CR = 0$

指标层对各个准则层的判断矩阵及计算结果：

C_1	U_1	U_2	U_3	W
U_1	1	2	3	0.5499
U_2	1/2	1	3	0.2403
U_3	1/3	1	1	0.2098

① 顾新. 知识链管理［M］. 成都：四川大学出版社，2008：112.

$\lambda_{\max} = 3.0184$, $CI = 0.0092$, $RI = 0.58$, $CR = 0.0159 < 0.10$

C_2	U_4	U_5	W
U_4	1	2	0.6667
U_5	1/2	1	0.3333

$\lambda_{\max} = 2$, $RI = 0$, $CR = 0$

C_3	U_6	U_7	U_8	W
U_6	1	2	3	0.5499
U_7	1/2	1	3	0.2403
U_8	1/3	1	1	0.2098

$\lambda_{\max} = 3.0184$, $CI = 0.0092$, $RI = 0.58$, $CR = 0.0159 < 0.10$

再由以上数据计算出合成权重向量。

$$W_B^{(2)} = (0.2357, 0.1030, 0.0899, 0.2857, 0.1429,$$
$$0.0785, 0.0343, 0.0300)^T$$

接着，使用多层次模糊综合评价法进行综合评价。

在专家评判及具体数据收集的基础上，就 U_1 而言，有 50% 的评语为"好"，30% 的评语为"较好"，20% 的评语为"一般"，没有评语为"差"，由此得到 $U_1 = (0.5, 0.3, 0.2, 0)$。根据同样的原理，得到 $U_2 = (0.6, 0.3, 0.1, 0)$，$U_3 = (0.3, 0.5, 0.2, 0)$，$U_4 = (0.4, 0.4, 0.2, 0)$，$U_5 = (0.2, 0.2, 0.6, 0)$，$U_6 = (0.1, 0.3, 0.6, 0)$，$U_7 = (0.8, 0.1, 0.1, 0)$，$U_8 = (0.5, 0.2, 0.3, 0)$。

$$R = \begin{bmatrix} U_1 \\ U_2 \\ U_3 \\ U_4 \\ U_5 \\ U_6 \\ U_7 \\ U_8 \end{bmatrix} = \begin{bmatrix} 0.5 & 0.3 & 0.2 & 0 \\ 0.6 & 0.3 & 0.1 & 0 \\ 0.3 & 0.5 & 0.2 & 0 \\ 0.4 & 0.4 & 0.2 & 0 \\ 0.2 & 0.2 & 0.6 & 0 \\ 0.1 & 0.3 & 0.6 & 0 \\ 0.8 & 0.1 & 0.1 & 0 \\ 0.5 & 0.2 & 0.3 & 0 \end{bmatrix}$$

$$A = W_B{}^{(2)} = (0.2357, 0.1030, 0.0899, 0.2857, 0.1429,$$
$$0.0785, 0.0343, 0.0300)^T$$

$$B = A \circ R = (0.2357 \oplus 0.1030 \oplus 0.0899 \oplus 0.2 \oplus 0.1 \oplus$$
$$0.0785 \oplus 0.0343 \oplus 0.0300, \oplus 0.2357 \oplus$$
$$0.1030 \oplus 0.0899 \oplus 0.2 \oplus 0.1429 \oplus 0.0785 \oplus$$
$$0.0343 \oplus 0.0300, 0.1 \oplus 0.1030 \oplus 0.0899 \oplus$$
$$0.2857 \oplus 0.1429 \oplus 0.0785 \oplus 0.0343 \oplus 0.0300, 0)$$
$$= (0.8714, 0.9143, 0.8643, 0)$$

进行归一化处理后，$B' = (0.329, 0.345, 0.326, 0)$

由计算得出数据分析，居于专利实施战略联盟首要地位的组织即企业的核心能力的测评结果是：32.9%的专家认为"好"，34.5%的专家认为"较好强"，32.6%的专家认为"一般"，没有专家认为"差"。因为 $b_1' + b_2' = 0.671 > 0.5$，这说明该企业的核心能力强，确实处于专利实施战略联盟首要地位。因而在接下来的研究中，将以企业为中心的专利实施战略联盟作为主要研究对象。

3.6 本章小结

本章从战略联盟角度出发，对我国创新驱动发展中的难点——专利实施问题提出了一个新的思路，这就是建立专利实施战略联盟。在开放式创新背景下，联盟的构建有利于企业、大学、研究机构等专利实施主体之间，以及他们同政府、中介机构之间建立信任与合作关系，积累社会资本，实现资源共享和协同行动，从而在专利实施活动中降低成本，提高效率。本章主要从理论上初步探讨了专利实施战略联盟的概念、特点，并构建立起联盟的基本框架，对联盟类型进行了划分，并通过理论联系实际的分析，以及建立企业核心能力判断的指标体系，运用模糊层次综合评价法进行算例演算，明确了企业居于专利实施战略联盟的首要位置，从而确定了选择以企业为中心的联盟作为主要研究对象。接下来，将在本章基础上探讨构建专利实施战略联盟的影响因素，并展开实证研究。

第 4 章

专利实施战略联盟构建的
影响因素分析

对专利实施战略联盟框架的研究表明,该联盟均有利于专利技术向市场成果转化,因而联盟的构建对专利实施有着积极作用。但同时专利实施是一种复杂的创新活动,要构建专利实施战略联盟并取得良好的联盟组织合作绩效并非简单的问题,需要充分考虑影响联盟构建的主要因素以及这些因素间的关系。

本章将根据专利实施的基本过程和组织合作创新理论,对构建专利实施战略联盟的影响因素的来源加以探析,进而识别进影响专利实施战略联盟形成的主要因素,分析影响因素之间的相互作用,并建立起专利实施战略联盟构建影响因素模型,为后续实证研究打下基础。

4.1 专利实施战略联盟构建的影响因素来源

专利实施战略联盟是建立在专利实施活动基础之上的,所以影响联盟构建的因素来源应首先考虑专利实施活动的基本过程;并且,该联盟本质上是不同组织为有效专利实施而达成的合作关系,因而合作组织特征和合作组织间关系也是联盟构建的重要影响因素来源;此外,组织外部环境对联盟构建会产生影响作用,这也是不可忽略的。

因此，专利实施基本过程、合作组织特征、合作组织间关系、组织外部环境等方面构成联盟构建影响因素的主要来源。

4.1.1 专利实施基本过程

根据前面对专利实施概念的讨论可以推知，专利实施的基本过程是由新知识形成的专利技术融合在产品中并获得大范围市场竞争力的连续行动。有研究表明，将专利技术转化为商品的过程包括多个局部阶段，各个相互关联的阶段组成专利技术商业化的整体流程，具有很强的战略性。[①] 从战略层面看，企业等创新主体实施专利是为了获得竞争优势，而竞争优势的形成与实现要依靠专利实施过程的几个主要阶段。

战略管理理论认为资源和能力是构成企业竞争优势的基础。[②] 对企业等合作专利实施组织而言，建立联盟的目的就是要在专利实施过程中提升资源利用效率、技术创新能力和专利技术商业化能力，以获得竞争优势。与之相对的，资源利用过程、技术创新过程、专利技术商业化过程成为在构建专利实施战略联盟时必须考量的三个主要方面：

1. 资源利用过程

在当今的知识经济时代，企业资源观将知识作为重要资源来产生新知识，进而实现创新目标。[③] 即是说，知识资源越好的得到利用，新知识的创造越多，就越能够激活专利的发明与运用，收到良好的创新效果。如何以合作的方式集成使用不同组织的知识资源，获取最大化资源利用效应，这成为专利实施战略联盟构建的首要问题，因而知

---

① J Wonglimpiyarat. Commercialization strategies of technology: lessons from Silicon Valley [J]. The Journal of Technology Transfer, 2010, 35 (2): 225 – 236.

② 迈克·A·希特著，吕巍等译，战略管理 [M]. 北京：机械工业出版社，2012：63.

③ 周全，顾新. 国外知识创造研究述评 [J]. 图书情报工作，2013，57 (20)：143 – 148.

识资源的利用过程对专利实施战略联盟构建有着直接影响作用。

2. 技术创新过程

企业的技术创新能力是其创新系统的关键因素①，技术创新程度的高低关系到新专利技术产品的市场竞争力大小，它连接着企业内部研发和企业外部市场两端。在开放式创新背景下，一个企业很难单靠自身的技术创新能力实现其竞争力，如何和其他组织合作开展科学研究和技术开发，由此获得强大的创新合力，这是不得不考虑的问题，所以技术创新过程对专利实施战略联盟构建会产生显著影响作用。

3. 专利技术商业化过程

在前两个方面的基础上，企业接下来的重要战略决策是怎样得到必要的资金等资源和商业化能力，将专利技术转化成产品并推入市场。当创新企业拥有专利技术而其他组织掌握着资金、市场渠道等互补性资源时，联盟的方式是专利技术商业化的优选。② 同时，专利技术商业化过程中如何有机地将资金、市场渠道等资源与专利技术对接，这也极大影响着专利实施战略联盟构建的效果。

4.1.2 合作组织特征

不同组织为了有效进行专利实施而组成联盟，它们具有各自的目标、资源、结构及文化，这些差异化的组织特征对专利实施战略联盟构建会产生不同程度的影响。

1. 组织目标

战略联盟是两个或更多的合作伙伴组织进行资源整合和行动协

---

① R Yam, W Lo. Analysis of sources of innovation, technological innovation capabilities, and performance [J]. Research Policy, 2011, 40 (3): 391 –402.

② S Wakeman. A dynamic theory of technology commercialization strategy [C]. Academy of Management Proceedings, 2008: 1 –9.

调，以实现他们共同承诺的目标。① 在专利实施活动中，企业、大学、研究院所、政府部门、中介机构有着各自的目标——企业想要获得更高的利润及市场竞争力，大学和研究院所希望推动科学研究并得到科研费用支持，中央政府和地方政府追求国家创新能力和区域创新实力的提升，中介机构意图借此得到经济或社会利益，如何基于联盟方式使他们能够形成共同承诺的目标，即通过合作来高效实施专利从而推动发展，这关系到专利实施战略联盟构建的稳定性。

2. 组织资源

资源基础理论认为企业等组织通过联盟方式来实现资源的最优配置，不同类型的资源互为补益，使组织获得竞争优势的同时也奠定了联盟形成的动因。② 专利实施活动正是实施组织对多种资源综合利用而将专利商品化的过程。这些资源包括知识、技术、信息、政策、人力、资金、社会资本等要素，并在不同组织中的分布重点各不相同。一般说来，大学的科学知识资源储备最为丰富，研究院所的基础技术资源较多，企业的应用技术资源积累更为厚实，中介机构的信息资源、资金资源是其所长，而政府部门具有丰富的政策资源。在联盟的形式下，通过组织间交互活动，不同组织的资源得到优化分配和使用。③ 这样，各个组织的优势资源围绕专利实施这一目标组合起来，发挥出资源协同作用，能有力的推动专利实施。可见，如何实现资源优化使用是构建联盟的必须考虑方面。

3. 组织结构

组织结构的实质是对组织人员和劳动的纵向及横向的分工安排。

---

① D Teece. Competition, cooperation, and innovation organizational arrangements for regimes of rapid technological progress [J]. Journal of Economic Behavior and Organization, 1992, 18 (1): 1 – 25.

② Das, Teng. Instabilities of Strategic Alliances: An Internal Tensions Perspective [J]. Organization Science, 2000 (11): 77 – 101.

③ 原毅军，孙思思. 推进产学研战略联盟的多渠道模式研究 [J]. 科技进步与对策，2012，29 (22): 7 – 10.

在组织结构框架体系中，组织正式确定的工作任务得以分解、组合和协调。[①] 不同组织结构决定了各个组织创新人员配备和创新工作安排的差异，在参与专利实施战略联盟的组织中具体表现为：企业偏向设置技术创新人员职位并聚焦于技术研发和新产品开发工作；学研机构以科研人员为主体，更多的做基础科学研究工作；政府组织主要由公务行政人员构成，为专利实施等创新活动提供政策支持及协调管理，中介机构组织以专业服务人员居多并完成相应的专业服务工作。组织结构差异形成了组织互补性的又一重要来源，对专利实施战略联盟构建有着影响作用。

4. 组织文化

文化是一个群体共有的价值观念和行为规范系统。文化的影响力表现在它渗透于组织的各个层面，对组织的决策和各种组织行为有着显性或隐性的作用。从系统的观点来看，组织文化系统是一种自组织系统，从耗散结构理论看，组织系统具有影响和改变其他系统以及抵抗与承受其他系统影响的功能。[②] 由于企业、大学，研究机构、政府部门、中介机构的文化迥异，不同的隐性文化准则所产生的差异化价值观念和行为方式会使它们在合作创新过程中产生文化的碰撞和融合，进而影响各自的创新功能，因此在构建专利实施战略联盟时必须考虑如何通过文化协同促进创新功能的提升。

4.1.3 合作组织间关系

在合作专利实施过程中，各个组织不同程度的交互活动形成了它们之间或强或弱的关系。一旦组织间通过技术规则、文化嵌入等方式

---

① 斯蒂芬·P·罗宾斯著，孙健敏等译. 管理学（第7版）[M]. 北京：中国人民大学出版社，2006：267.

② 周三多等编著. 管理学：原理与方法 [M]. 上海：复旦大学出版社，2007：209 –210.

建立专有关系路径，它们的合作关系就能长期保持下去。[①] 而组织间的长期合作能创造巨大的价值，显现出交易成本效益和社会网络效益，不同组织参与合作创新的动能增加，进而影响到专利实施战略联盟构建。

1. 交易成本视角

交易成本理论表明组织间联盟关系克服了市场和科层制这两种组织形式的不足。[②] 因为尽管理想化的市场是配置资源的最优方式，但现实中市场存在着信息不对称、不完全竞争、机会主义行为等缺陷，而科层制的组织内部化行为则伴有专业能力减弱及管理成本过高的问题；战略联盟正好是介于市场和科层制之间的混合型管理结构组织，能实现交易成本最小化的有效资源配置。

交易成本理论对专利实施战略联盟的建立提供了有力的支撑。联盟组织通过扩展组织边界来进行专利实施活动，在以自身的专业化凸显竞争优势的同时，将外围活动分包给联盟中的其他组织，从而降低了专利实施的总成本。例如，企业作为专利实施的重要主体，在将专利转化为有竞争力的商品时，既要有包含关键技术创新成果的核心专利，也需要保护核心专利的外围专利，同时还离不开专利技术流转平台。[③] 显然，企业要同时完成这些任务的成本很高。而通过专利实施战略联盟，企业发挥核心技术优势的同时将边界向外扩展，把外围专利外包给其他企业或学研机构，由中介组织搭建专利技术流转平台，政府部门通过激励政策促进平台的搭建，如此实现交易成本最小化的专利实施，体现联盟的整体竞争优势。

---

① T Kim. Framing Interorganizational Network Change: A Network Inertia Perspective [J]. Academy of Management Review, 2006, 31 (3), 704 – 720.

② O Williamson. Comparative Economic Organization: The Analysis of Discrete Structural Alternatives [J]. Administrative Science Quarterly, 1991, 36 (2): 269 – 296.

③ 王黎萤，陈劲. 企业专利实施现状及影响因素分析——基于浙江的实证研究 [J]. 科学学与科学技术管理, 2009 (12): 148 – 153.

2. 社会网络视角

社会网络理论将联盟组织间的交互活动描述为动态的网状关系和结构，这样的网络关系为组织间的合作创新提供了社会资本，从而带来丰富的创新资源。网络中的组织拥有广泛的获取知识、市场、技术的渠道。[①] 所以，社会网络关系对专利实施战略联盟的构建具有积极意义，它启示着联盟组织通过建立密切而稳固的关系，加强彼此间的信任与互惠，使专利实施所需的资源得以自由流动和高效聚集。

社会网络中的社会资本对专利实施战略联盟具有很重要的作用。社会资本是指两个以上的个体或组织通过相互联系和相互作用过程中所形成的社会网络关系来获取稀缺资源并由此获益的能力。[②] 社会资本能促进联盟组织交互学习，实现知识共享以促进专利实施；还能强化组织间的互信互利关系，获得专利实施的各种资源，并减少交易成本，从而有助于联盟的专利实施能力提升。以专利实施的重要主体大学为例，其专利实施的效果受到研发合作方式、专利实施政策、研发投入等因素的影响。[③] 在联盟中，如果大学能充分积累和利用社会资本，与企业、研究院所、政府部门、中介机构形成良好的社会关系，就可与企业及研究院所开展联合研发，得到来自政府的有利政策支持，获得中介机构的资金投入，以此形成专利实施的良性循环。

4.1.4 组织外部环境

外部环境是组织创新活动所面临的各种外在条件的集合，动态的外部环境力量对专利实施这样的创新活动的影响主要来自于三个方

---

① A Inkpen, E Tsang. Social Capital, Networks, and Knowledge Transfer [J]. Academy of Management Review, 2005, 30 (1): 146 – 165.

② 顾新，郭耀煌，李久平. 社会资本及其在知识链中的作用 [J]. 科研管理，2003，24 (5): 44 – 48.

③ 李正卫，曹耀艳，陈铁军. 影响我国高校专利实施的关键因素：基于浙江的实证研究 [J]. 科学学研究，2009，27 (8): 1185 – 1190.

面：科技力量、市场力量、竞争力量：

1. 科技推力

当今科技迅猛发展为企业等组织的创新工作既提供了机遇也呈现了挑战。一方面，新的科学知识不断涌现，技术革命持续进行，使得创新资源越来越丰富，知识的流动转移、技术的交叉融合给组织合作创新提供了巨大空间；另一方面，科技创新分工日益细化，企业、大学、研究机构等组织承担着不同的科技创新功能，并且在一种类型组织里面，如企业这样的营利组织，也存在着技术研发优势的差别，一个组织在创新过程中都需要从其他组织那里获取创新的资源。可见，对诸如专利实施这样的创新活动而言，科技的推力作用明显。

2. 市场拉力

科技创新最终服务于经济发展和满足消费者日益升级的消费需求，在如今的消费者主权背景下，创新不等同于高科技，科技创新效果取决于市场价值。以专利为例，其价值不在于一个组织拥有专利的多少，而是专利产品能打破传统的消费理念从而开拓新市场。典型的如美国苹果公司以消费者需求为导向，靠 iPod、iPhone、iPad 的持续创新，在 2011 年成为全球市值最高的企业。[①] 市场拉动下的专利实施创新活动需要触发并引导各个创新组织成员联合起来，共同创造新专利的市场价值。

3. 竞争张力

在开放式创新背景下，竞争已由单个组织与单个组织之间的竞争转变为组织联合体与组织联合体之间的竞争，如知识链和知识链之间的竞争、知识网络和知识网络之间的竞争。一个组织只有与其他组织充分合作，才能获取竞争的张力，即不仅仅依靠自己的力量而是通过合力扩张自身优势。[②] 专利实施是一项不确定性较强的创新活动，企

---

① 谢德荪著. 源创新［M］. 北京：五洲传播出版社，2012：6 – 7.

② G Devi，M Ravindranath. Cooperative Networks and Competitive Dynamics：a Structural Embeddedness Perspective ［J］. Academy of Management Review，2001，26（3）：431 – 445.

业在专利实施过程中如果能与其他组织联盟，获得它们的支持，就能降低不确定性，提升竞争优势。

4.2 专利实施战略联盟构建的影响因素识别

从前面的分析可以看出，影响专利实施战略联盟构建的因素来源多样而复杂，包括资源利用过程、技术创新过程、专利商业化过程、组织目标、组织资源、组织结构、组织文化、交易成本、社会网络、科技推力、市场拉力、竞争张力等多个方面。若将它们都纳入进来，来建立一个专利实施战略联盟构建影响因素模型，则难以彰显其中核心因素的影响作用。综观这些影响因素来源，本书提炼和识别出最为重要的三个影响因素：知识因素、技术因素、价值因素。

4.2.1 知识因素

知识因素是影响专利实施战略联盟构建的首要因素。在本书所界定的广义的专利实施过程中，其前端部分就是通过知识创造为专利技术的形成铺垫坚实基础。在当今知识分工细密的现实条件下，某一企业这样的单个组织所拥有的知识资源有限，需要获取其他组织的知识资源来实现高效的知识创造，同时还要控制获取新知识的成本。

已有研究表明，企业由于内部的知识宽度和深度不足，从外部联盟获得知识对企业创新成功是必要的。[①] 那么，企业从联盟中获取知识，首先要考虑在构建联盟时所需知识在联盟组织成员中的分布、知

---

① G Vasudeva, J Anand. Unpacking Absorptive Capacity: a Study of Knowledge Utilization From Alliance Portfolios [J]. Academy of Management Journal, 2011, 54 (3): 611−623.

识如何在联盟成员间有效的流动和共享、如何吸收来自联盟成员的互补性知识以推动专利实施等问题。这些相关的知识因素都会对专利实施战略联盟构建产生重要的影响作用。因此，本书将知识因素作为影响专利实施战略联盟构建的首要因素。

4.2.2　技术因素

技术因素是影响专利实施战略联盟构建的重要因素。技术从基本层面上被界定为企业为了建立、运行、提高或扩展生产而对科学知识或技巧的运用。[①] 技术可以表现为专利、软件、服务等多种形式，对企业获得竞争优势而言，专利技术起着非常重要的作用，决定着产品的新颖性和满足新需求的程度。根据本书对专利实施过程的分析，专利技术研发阶段也是技术创新阶段，处于整个专利实施过程的中端，它一头连接着前端的创新知识，另一头连接着后端的市场价值。

由于技术扩散进程加快、产品生命周期缩短、技术研发成本上升，企业技术创新越来越多的通过联盟形式完成。[②] 联盟能为企业提供丰富的技术创新资源并降低交易成本，是企业创新要依靠的外部社会资本；然而社会资本并非唾手可得，而是需要企业考量为了实现专利实施的创新目标，如何在构建专利实施战略联盟时形成有利于创新的社会网络、便于技术转移的合作方式、加强技术吸收能力的互动途径。这些因素考虑得是否充分、落实得是否到位都关系着专利实施战略联盟构建的效果。

---

① B Mishra. Technology Innovations in Emerging Markets：An Analysis with Special Reference to Indian Economy [J]. South Asian Journal of Management，2007，14（4）：50 – 65.

② 孙彪，刘益，郑淞月. 联盟社会资本 & 知识管理与创新绩效的关系研究——基于技术创新联盟的概念框架 [J]. 西安交通大学学报，2012，32（3）：43 – 49.

4.2.3 价值因素

价值因素是影响专利实施战略联盟构建的关键因素。市场经济条件下，专利的真实价值在于在顾客需求导向下，专利技术成果转化为受市场欢迎的新产品。[①] 由于市场活动的主体是企业，而当今市场需求的变化很快，影响专利技术向新产品成功转化的不仅是企业内部创新能力，还包括外部的经济政策、商业环境、资金渠道、新型知识等因素，所以企业的价值创造离不开政府部门、中介机构、学研组织等相关主体的支持，由专利实施这样的创新活动来创造价值也需要企业与多个其他主体来合作完成。

不可忽视的是，不同主体的组织目标、结构、资源等方面的差异客观存在，使得它们的合作价值创造过程趋于复杂。在合作关系观（Cooperative Relationship View）主导下，组织间关系成为协调上述差异的立足点，价值创造过程被解构为关系构建、关系运行、价值释放三个部分。[②③]

其中，关系构建是基于组织之间资源、能力互补性而进行专有关系资产投资；关系运行是在合作机制内的信息等要素共享和资源配置并形成关系治理结构；价值释放是在价值整体化创造基础上合理分配组织的价值收益。

事实上，因为联盟是一种典型的合作关系结构，这三个部分在专利实施联盟内适用并对联盟起着显著的影响作用：专有关系资产投入程度、共享资源多少、价值分配合理性都与专利实施战略联盟

---

① M Wouters. Customer Value Propositions in the Context of Technology Commercialization [J]. International Journal of Innovation Management, 2010, 14（6）：1099 – 1127.

② 孟庆红，戴晓天，李仕明. 价值网络的价值创造、锁定效应及其关系研究综述 [J]. 管理评论, 2011, 23（12）：139 – 147.

③ B Dyer, H Singh. The Relational View：Cooperative Strategy and Source of Interorganizational Competitive Advantage [J]. Academy of Management Review, 1998, 23（4）：660 – 679.

建立效果密切联系。

4.3　专利实施战略联盟构建的影响因素模型

在提炼和识别出影响专利实施战略联盟构建的主要因素——知识因素、技术因素、价值因素的基础上，本书将按照文献梳理（Literature Review）和理论假设（Hypothesis Proposal）的研究思路进一步分析这三个因素之间以及它们与专利实施战略联盟构建之间的关系，从而建立起专利实施战略联盟构建的影响因素模型。

4.3.1　知识—技术—价值三因素之间的关系

1. 知识因素与技术因素

从创新角度看，知识因素集中表现为新知识的创造，技术因素集中表现为技术研发与更新。著名管理学者彼得·德鲁克指出知识是当今唯一有意义的资源，被应用于生产新知识以获得最佳效益，这实际就是知识资源意义上的知识创造。[①]

知识是创新的来源，一项专利技术的研发成功往往包含着各个方面的大量新知识，知识创造为技术创新提供必不可少的知识基础。知识创造不是一个简单的过程，而是由多个环节组成的复合过程。知识创造的过程本质上贯穿知识管理的流程，包括了知识获取、知识共享、知识应用等环节，这些环节的有机结合推动着技术的快速进步。[②] 知识获取意味着企业能从外部获得技术创新的知识资源从而克

---

① 周全，顾新. 国外知识创造研究述评［J］. 图书情报工作，2013，57（20）：143 – 148.

② K Dalkir. Knowledge Management in Theory and Practice［M］. London：Elsevier Inc，2005：18 – 20.

服内部知识资源有限性的限制。在战略联盟中，企业从联盟伙伴那里获得知识的同时增强了基于知识的能力，能提高技术创新的绩效，因而联盟的范围从国内扩展到国际。① 例如，通用汽车和丰田公司建立合资企业，前者通过获取和内化后者的知识，显著提高了技术创新能力。而近年来，企业获取知识的边界不仅扩展到国界之外，更是大大的扩展到了不同功能组织之间，从学界机构、中介组织、政府机构获取知识。政产学研一体化合作使得企业获得知识的来源增加，加快了企业技术创新的步伐。② 知识获取不但增多了企业的知识存量，还促进了企业与其他组织之间的知识共享。因为知识共享一般都嵌入在特定的社会情境之中，企业的社会资本积累得越多，则与相关组织间形成的关系质量、网络结构、共同认知越好③，由此能够共享的支持企业技术创新的各类知识就越丰富。共享知识转化为专利技术就产生了知识应用，其结果是知识的能量转化为技术的能量，而新的能量在某些方面具有更好的性能。④ 因为共享的知识是流动的，可以在组织边界之间转移，所以知识的流量和质量决定着技术的新能量。综合这些观点与讨论，本书提出假设1：

H1：知识因素与技术因素直接相关。

2. 知识因素与价值因素

市场经济的语境下，价值对企业而言意味着净收益的取得，对消费者而言意味着需求的满足，价值因素是二者的叠加，企业要获得收益就必须进行价值创造。知识基础理论（Knowledge Based Theory）

---

① H Zhang, C Shu, X Jiang, A Malter. Managing Knowledge for Innovation：The Role of Cooperation, Competition, and Alliance Nationality ［J］. Journal of International Marketing, 2010, 18（4）：74 - 94.

② 孙志锋，陈萍，郑亚红. 我国政产学研一体化的现状及问题研究 ［J］. 技术经济与管理研究, 2013（3）：53 - 58.

③ 金辉，杨忠，冯帆. 社会资本促进个体间知识共享的作用机制研究 ［J］. 科学管理研究, 2010, 28（5）：51 - 55.

④ M. 吉本斯等著，沈洪捷等译. 知识生产的新模式 ［M］. 北京：北京大学出版社, 2011：19 - 23.

强调企业价值创造的根源乃知识要素，在各种生产要素中，知识要素已成为了决定价值创造效果的最关键的生产要素。企业通过对内部人力资源和人员关系的有效管理能改善不同员工群体间的关系，促进知识在员工间的流动，提高组织的学习效率与知识更新频率，从而推动价值创造。① 同时，企业对外部组织的关系投入也非常明显的影响到企业知识创造的效果，进而影响到价值创造问题。例如，有研究表明，一个企业对合作伙伴公司的投资与该企业知识创造的速率呈倒 U 形曲线关系，而积极参与被投资公司的经营活动及业务组合中，则企业的知识吸收面得到极大的拓宽，有利于加速知识创造的步伐，继而提高价值创造的速度。② 此外，还有研究认为企业等组织要实现价值创造，必须按照对新知识需求程度不同而采取不同程度的组织间合作知识创造投入，以全面获得价值创造的所需新知识。③ 此外，现代激烈的市场竞争使得价值创造的不确定性、风险性大大增加，与企业内部知识创造相比，企业通过外部途径获取知识资源来创造新知识更有利于降低价值创造的不确定性。企业与企业之间、企业与学研机构之间、企业与其他组织之间的结盟能将知识创造扩展到更广阔的领域，减少创新的总体风险④；相应的，组织间的知识创造分工使价值创造的环节细分化，从而分散了价值创造的风险。基于以上观点与讨论，本书提出假设 2：

H2：知识因素与价值因素直接相关。

---

① C Kang, S Morris. Relational Archetypes, Organizational Learning, and Value Creation: Extending the Human Resources Architecture [J]. Academy of Management Review, 2007, 32 (1): 236 – 256.

② A Wadhwa, S Kotha. Knowledge Creation Through External Venturing [J]. Academy of Management Journal, 2006, 49 (4): 819 – 835.

③ H Reus, L Ranft, T Lamont. An Interpretive Systems View of Knowledge Investment [J]. Academy of Management Review, 2009, 34 (3): 382 – 400.

④ 肖冬平，顾新. 知识网络的形成动因及其多视角分析 [J]. 科学学与科学技术管理，2009 (1): 84 – 91.

3. 技术因素与价值因素

当下知识经济中技术因素包含的主要内容是技术创新及应用，更具体的讲，是专利技术研发和转化为新产品。由于市场竞争激烈，新产品价值的实现既要依靠专利技术的新颖性，还要依赖专利技术与市场需求的匹配性，所以技术因素对价值因素的影响包括了"创新"和"实用"两个层面。有研究表明，创新层面的技术投入物质范畴，如性能、速度、功能等，与实用层面的经济产出市场范畴，如消费者价值、价格、支持、分销渠道等，需要相互联系起来，因为企业能否实现专利技术的经济价值取决于市场的反应，而非技术自身的内在特征。① 由此，企业管理者在考虑专利技术的价值时，应把技术领域和市场领域对接起来，充分了解专利技术的性质、功能等方面能给目标市场消费者带来哪些利益或好处。进一步而言，企业的价值活动不仅在于嵌入在产品或生产流程中的核心技术，还包括技术孵化、技术储备、技术转移等方面，这些都影响着企业的价值创造能力。② 显然，要完成如此复杂的由技术创新到价值创造的活动，单靠企业自己的资源和能力很难达到，就如同 IBM 这样的巨型公司，在制定和实施"智慧城市"价值方案时，也要与其他组织联合进行技术创新。于是，企业寻求外部合作力量来推动技术创新、专利研发以提升价值创造，诸如公私部门合作研发、技术许可、技术联盟等实践活动广泛展开，并得到学术界的大量关注。③④⑤ 研究成果表明从技术创新到价值

---

① H Chesbrough 著，金马 译. 开放式创新：进行技术创新并从中赢利的新规则[M]. 北京：清华大学出版社，2005：73 – 75.

② B Mishra. Technology Innovations in Emerging Markets：An Analysis with Special Reference to Indian Economy [J]. South Asian Journal of Management，2007，14（4）：50 – 65.

③ M Ryan. Patent Incentives，Technology Markets，and Public – Private Bio – Medical Innovation Networks in Brazil [J]. World Development，2010，39（8）：1082 – 1093.

④ M Bianchi，D Chiaroni. Organizing for External Technology Commercialization：Evidence from a Multiple Case Study in the Pharmaceutical Industry [J]. R&D Management，2011，41（2）：120 – 138.

⑤ W Schoenmakers，G Duysters. Learning in Strategic Technology Alliances [J]. Technology Analysis & Strategic Management，2006，18（2）：245 – 264.

创造的过程实质上是一个不确定性很高的技术商业化过程，企业不需要在组织内部具备所有创新能力，一些外部互补性创新资产和能力可以通过合作伙伴获得。企业与大学、研究机构、政府政策研究室等公共部门，以及其他生产企业、中介机构等私营组织建立和发展伙伴关系，能很好地实现技术创新战略，这对于价值创造至关重要。综合上述观点和分析，本书提出假设 3：

　　H3：**技术因素与价值因素直接相关。**

4.3.2　知识—技术—价值三因素与联盟构建的关系

1. 知识因素与专利实施战略联盟构建

如前所述，专利实施活动是一个涵盖了知识创造、技术创新、价值实现的复杂体系，企业等创新组织专利实施的起点在于新知识的开发与利用。由于科技高速发展、市场竞争日趋白热化，企业一方面要处理交叉学科的知识融合问题以使知识创造的步伐跟上日新月异的科技变化；另一方面还要考量知识创造所形成专利的市场价值，要求企业独立完成这些工作是不现实的。为了应对挑战，企业需要与其他知识型组织建立专利实施战略联盟，以便在专利实施的前端——知识创造阶段实现知识互动和知识整合。知识分工则是联盟合作关系建立的基础，其依据在于不同组织有着不同的劳动分工，劳动分工的累积过程带动着知识的增长，引导知识分工并促进了知识的专业化，组织知识专业化驱使知识整合扩展到组织之间，通过联盟组织的合作关系达成知识整合。① 进一步的，企业等组织在知识分工基础上要进行知识协作，因为各个组织拥有的只是知识片段，单靠知识片段无法完成复杂创新任务。比如像知识链这种合作创新形式，它由拥有不同知识片段的组织构成：核心企业、科研院所、大学、供应商、经销商等，掌

---

① 冯涛，邓俊荣. 从劳动分工到知识分工的组织间合作关系演进 [J]. 学术月刊，2010，42（8）：92-98.

握知识片段的组织必须分工协作，共同参与创新活动。① 专利实施战略联盟与知识链本质上是相通的，均为合作创新的模式，因此联盟组织在为专利实施而进行的知识创造活动也需要多类型、多专业的知识协调起来发挥作用，在联盟建立之初就要做出与之相关的战略安排。如此的战略安排可以被分为战略发现、战略设计、战略管理等阶段。② 战略发现阶段是通过搜寻、审查过程来开发战略联盟伙伴，战略设计阶段是构建联盟活动，战略管理阶段是发展信任、合作、学习等联盟伙伴关系。更具体的，专利实施战略联盟组织成员在进行知识分工、知识协作决策时，面临着知识流的控制和任务指派问题——如果知识流太过自由的流动，联盟成员可能会采取机会主义行为，损害伙伴的利益，影响联盟伙伴间的信任；任务指派则关系到联盟伙伴间能否有效地进行知识分工和协作。而良好的知识流控制和合理的知识任务指派能增进专利实施战略联盟成员间的信任，促使它们发挥各自的知识优势并合作进行知识创造。③④ 总体来看，这些与知识相关的因素与联盟构建都有着正向关联。所以，本书提出假设4：

H4：知识因素对专利实施战略联盟构建有积极影响。

2. 技术因素与专利实施战略联盟构建

过往文献对技术与专利之间的关系研究表明：专利技术的新颖性（Novelty）在专利成功转化为新产品过程中扮演着重要角色，并且技术的新颖性来自于不同技术源的综合集成创新。⑤ 技术集成创新意味

---

① 吴绍波，顾新，彭双. 知识链组织之间的分工决策模型研究 [J]. 科研管理，2011，32（3）：9 – 14.

② S Parise, L Sasson. Leveraging Knowledge Management Across Strategic Alliance [J]. Ivey Business Journal, 2002（3）：41 – 48.

③ J Jordan. Controlling Knowledge Flows in International Alliances [J]. European Business Journal, 2004（6）：70 – 78.

④ M Paolo, V Scoppa. Task Assignment, Incentives and Technological Factors [J]. Managerial and Decision Economics, 2009, 30（1）：43 – 55.

⑤ L Fleming, O Sorenson. Technology as a Complex Adaptive System: Evidence from Patent Data [J]. Research Policy, 2001, 30（7）：1019 – 1039.

着企业的单项专利技术突破已很难成为开拓市场的利器，企业必须联合高等院校、科研机构、其他企业等组织，构建联盟式的伙伴关系，融合它们的相关配套技术才能形成强大竞争力。① 如此，丰富的、跨组织的、异质的技术来源成为构建联盟的重要影响因素——联盟的技术集成创新是为了提供面向产业化需要的多维技术合成方案，以解决专利技术新颖性的难题。② 实际上，组织合作创新的条件下的技术集成创新复杂性非常明显，参与其中的组织共同构成了一个创新生态体系，该体系中各个创新组织只有相互支持，沿着开放式技术创新道路演进，才能发展出新颖度高、市场需求强的专利技术。一个典型的例子是上海宝钢集团为了解决汽车车身覆盖件冲压成形仿真分析等关键技术难题，与上海交通大学、上汽集团等建立起合作伙伴关系，在该仿真技术攻关上将各自的技术优势紧密结合，取得了高强度钢板轻量化车身应用技术的突破，形成了在该领域的强大市场竞争力；同时，这样的技术集成合作创新促成几方建立起信任关系，为构建战略联盟打下良好基础。③ 不难看出，技术创新的复杂性造就了适应性，企业等组织为了创新目标而相互协调沟通，通过契约或非契约的方式得到合作伙伴的技术支持，从而适应复杂性技术集成创新的要求。并且，合作组织在参与技术创新复杂适应系统时会考虑共享技术的收益、组织技术吸收能力、技术利用能力，为防止投机取巧行为，它们将按风险承担、资产投入、交流沟通、适应程度等方面评估潜在伙伴的可信度。④ 通过评估得出的可信度越高，合作组织之间彼此的信任感就越强，他们就越容易建立起联盟伙伴关系。基于前述观点和分析，本书

---

① 时良艳. 技术集成创新中的专利管理问题初探［J］. 科学学与科学技术管理，2007（2）：28－32.

② 杨林村，杨擎. 集成创新的知识产权管理［J］. 中国软科学，2002（12）：119－124.

③ 陈劲. 新形势下产学研战略联盟创新与发展研究［M］. 北京：中国人民大学出版社，2009：166.

④ U Daellenbach，S Davenport. Establishing Trust during the Formation of Technology Alliances［J］. The Journal of Technology Transfer，2004，29（2）：187－202.

提出假设 5：

H5：技术因素对专利实施战略联盟构建有积极影响。

3. 价值因素与专利实施战略联盟构建

市场经济角度下的专利价值更多体现在专利转化、实施等运作所带来的商业效益。[①] 专利从知识、技术的结晶到商业成果的运动过程以价值为导向。在价值主导专利实施的过程中，价值的创造通过两种创新途径实现：一个是持续性创新（Continuous Innovation），另一个是破坏性创新（Disruptive Innovation）。[②] 持续性创新主要依靠价值链上的成员，价值链上每个环节的成员通过自己的创新活动改善现有的价值，面向的市场多为已有市场。破坏性创新重在以新的科学技术破坏现有市场，创造全新的价值开拓新市场，就如苹果手机的多种智能技术颠覆了传统手机市场。进入到科技迅猛发展的 21 世纪之后，这两种创新方式的特点被融入合作创新模式中——既突出全新技术带来的新价值，又注重价值链上成员的作用，通过建立成员间伙伴关系来共同创造价值。这时专利技术的价值往往由多个成员组织的合作程度来决定；反之专利价值形成的难以预测性和复杂性又极大的影响着合作的范围与深度。例如，为了产生一项具有良好市场价值的新专利技术，单个企业往往很难拥有创造该技术的所有相关专利技术，企业间必须通过不同的形式进行专利共享[③]；进一步的，为了达到价值目标，企业与科研院所、市场中介机构、政府相关部门合作利用研究成果、信息、政策等资源。[④] 在此情景下，不同的组织趋向于建立联盟式伙伴关系，企业作为其中的核心成员寻求获得最佳的价值创造要素

---

① 张臻，雷军. 促进专利价值的提升 [J]. 华东科技，2013（4）：40 – 41.

② S Denning. The Battle to Counter Disruptive Competition：Continuous Innovation vs "Good" Management [J]. Strategy & Leadership，2012，40（4）：4 – 11.

③ 郑素丽，宋明顺. 专利价值由何决定？[J]. 科学学研究，2012，30（9）：1316 – 1324.

④ D Harhoff, E Mueller, J Reenen. What are the Channels for Technology Sourcing? [J]. Journal of Economics & Management Strategy，2014，23（1）：204 – 224.

组合①；组织特征不同，提供价值创造要素的意愿、动机和内容也就不同，即是说，各个组织提供差异化价值创造要素时都带有自己的目标，企业丰富、融合、吸收这些价值创造要素，并通过创新活动促使不同组织的目标得以实现，能提升参与联盟构建的各个组织的能动性。根据以上观点及讨论，本书提出假设 6：

H6：价值因素对专利实施战略联盟构建有积极影响。

4.3.3　价值因素对知识—技术与联盟构建关系的中介作用

1. 价值因素对知识与专利实施战略联盟构建关系的中介作用

知识的价值在于为创新提供了源头，不同的知识具有不同的价值，以多样的方式塑造着创新。② 专利实施作为一种复杂创新活动，需要多种知识的综合利用，包括科学知识、技术知识、市场知识、法律知识乃至政策知识，这催生了拥有这些知识的不同组织建立联盟来展开知识合作；联盟能整合各个组织的知识优势和能力共同协作促进专利实施，获得协同创新效应。有研究表明，价值因素是企业寻求知识增值空间而与不同类型伙伴进行异质知识整合创新的结合点，包括价值识别、价值创造、价值获取等重要子因素。③ 价值识别要求企业能够区分和发现对专利实施最有知识补益的潜在联盟伙伴，为有效取得外部知识来源打下基础；价值创造意味着企业充分利用合作伙伴的知识开展专利研发等创新活动，即把外部的编码知识迁移到企业组织的边界之内加以运用以实现价值增值；价值获取是企业通过

①　D Lavie. Capture Value from Alliance Portfolios ［J］. Organizational Dynamics，2009，38（1）：26 – 36.

②　G Dagnino，G Padula. Coopetition Strategy：A New Kind of Interfirm Dynamics for Value Creatition ［C］. Stockholm：Proceedings of the 2002 EURAM Conference，May 2002，9 – 11.

③　刘雪梅. 联盟组合：价值实现及其治理机制研究 ［D］. 成都：西南财经大学，2013：29 – 33.

集成知识资源进行专利实施后获得利润，同时合作伙伴组织也得到目标收益，这对专利实施战略联盟的组建有着激励作用。据此，本书提出假设7：

H7：价值因素在知识因素和联盟构建之间起着中介作用。

2. 价值因素对技术与专利实施战略联盟构建关系的中介作用

企业资源观的研究成果表明，在组织合作创新过程中，核心企业掌握的专利技术是实现价值的重要资源，但为了创造更大的价值并规避价值创造的风险，企业要依靠来自于其他组织的互补性资源，这促使企业同其他组织建立联盟关系以利用联盟组合的资源提升专利技术的价值。[①] 由于价值创造程度与围绕专利技术的可获资源丰富度成正比，资源丰富度包括了数量上的资源多样性和质量上的资源异质性，那么与专利技术对接的资源越多，异质性资源的质量越高，则专利技术创造的价值越大，由此不同组织结成联盟伙伴关系的动力就越强。例如，国内上市公司瑞丰光电拥有 LED 研发的前沿技术并寻求促进技术突破和商业化的合作伙伴；围绕该技术领域中 LED 封装材料技术的价值实现，该企业与 3M 公司、AVAGO 等知名国际企业组建研发团队，与中国香港多所大学或研究机构、中国内地的清华大学等开展合作研究，在国内市场首家推出硅胶封装 chip led 专利技术产品，在获得良好价值回报的同时促成了参与其中的各个组织形成联盟伙伴关系。[②] 进一步从社会网络角度看，联盟实际上是一种社会网络，也是资源流动的渠道，企业和其他组织嵌入到由各种关系构成的社会网络之中，以价值获取为彼此间合作创新的连接点。[③] 在合作创造价值

[①]　U Wassmer, P Dussauge. Value Creation in Alliance Portfolios: the Benefits and costs of Network Resource Interdependences [J]. European Management Review, 2011, 8 (1): 47 –64.

[②]　江积海，蔡春花. 联盟组合的结构特征对开放式创新的影响机理——瑞丰光电的案例研究 [J]. 科学学研究, 2014, 9 (1): 1396 –1404.

[③]　J Collins. Social Capital as a Conduit for Alliance Portfolio Diversity [J]. Journal of Managerial Issues, 2013, 25 (1): 62 –78.

的导向下，伙伴组织资源互补，不经由市场交易或并购的方式获得资源，而是依靠社会网络渠道：企业提供技术资源，学研机构提供科学研究成果，政府部门提供政策资源，中介公司提供信息、资金等，将专利技术转化为批量的市场所需产品，实现规模经济效益，并且由此促进联盟的形成。根据上述分析，本书提出假设 8：

H8：价值因素在技术因素和联盟构建之间起着中介作用。

综合以上论述，构建专利实施战略联盟影响因素的理论模型如图 4－1 所示。

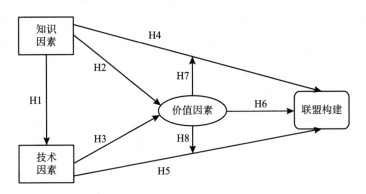

图 4－1　专利实施战略联盟影响因素的理论模型

需要说明的是，由于专利实施战略联盟影响因素的理论模型中包含了作为中介变量的价值因素，即该模型既包括因果关系又包括中介关系，因此对模型的检验要采取相应的方法。巴罗和肯尼（Baron ＆ Kenny，1986）①，罗（Ro，2012）②，曹（Cao，2013）③

①　M Baron, A Kenny. The Moderator-mediator Variable Distinction in Social Psychological Research：Conceptual, Strategic and Statistical Considerations ［J］. Journal of Personality and Social Psychological Research，1986，51（6）：1173－1182.

②　H Ro. Moderator and Mediator Effects in Hospitality Research ［J］. International Journal of Hospitality Management，2012，31（3）：952－961.

③　Y Cao, Y Xiang. The Impact of Knowledge Governance on Knowledge Sharing：the Mediating Role of Guanxi Effect ［J］. Chinese Management Studies，2013，7（1）：36－52.

在过往研究中都论证了对于既包括因果关系又包括中介关系的模型的检验方式，要先检验因果关系模型，再对中介关系加以检验。基于他们提出的方法，结合本书的具体内容，分为三个步骤完成该检验。第一步，验证知识因素、技术因素和价值因素对专利实施战略联盟构建有显著影响，以及验证知识因素对技术因素、知识因素和技术因素对价值因素有显著影响；第二步，当价值因素作为中介因素被添加到知识因素对联盟构建的影响作用中时，验证在有价值因素中介作用时影响更为显著，在加入价值因素之前则较弱；第三步，当价值因素作为中介因素被添加到技术因素对联盟构建的影响作用中时，验证在有价值因素中介作用时影响更为显著，在加入价值因素之前则较弱。对应着这三步，专利实施战略联盟影响因素的理论模型分为三个子模型，如图 4 - 2 ~ 图 4 - 4 所示。所以，后面在用结构方程模型（SEM）和 Amos 软件展开的实证分析按照这三个步骤进行：

首先，检验图 4 - 2 中的专利实施战略联盟影响因素的因果关系模型。

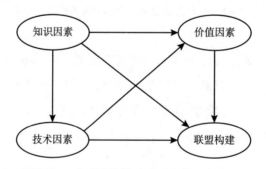

图 4 - 2　子模型 1：专利实施战略联盟影响因素的因果关系模型

其次，检验图 4 - 3 中的价值因素在知识因素与联盟构建的中介关系模型。

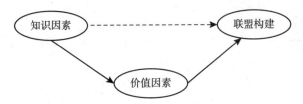

图4－3　子模型2：价值因素在知识因素与联盟构建的中介关系模型

最后，检验图4－4中的价值因素在技术因素与联盟构建的中介关系模型。

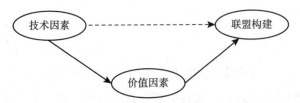

图4－4　子模型3：价值因素在技术知识因素与联盟构建的中介关系模型

4.4　本章小结

　　本章首先从专利实施基本过程、合作组织特征、合作组织间关系、组织外部环境四个方面分析了构建专利实施战略联盟影响因素的来源，进而从中提炼和识别出最为重要的三个影响因素：知识因素、技术因素、价值因素，再由理论分析提出这些影响因素同专利实施战略联盟构建的关系：知识因素与技术因素直接相关；知识因素与价值因素直接相关；技术因素与价值因素直接相关；知识因素对专利实施战略联盟构建有积极影响；技术因素对专利实施战略联盟构建有积极影响；价值因素对专利实施战略联盟构建有积极影响；价值因素在知识因素和联盟构建之间起着中介作用；价值因素在技术因素和联盟构建之间起着中介作用。在此基础上，最后建立起专利实施战略联盟构建影响因素的理论模型，为接下来的实证研究做好铺垫。

第 5 章

专利实施战略联盟构建影响
因素的实证研究

基于上一章专利实施战略联盟构建影响因素的理论模型，本章将对模型中的理论假设展开实证分析。首先选择适宜的实证研究方法并以此为指导进行实证研究设计，包括界定变量、设计测量指标、制作调查问卷；其次收集与整理数据，分析样本情况，运用 SPSS 统计软件做样本的描述性统计分析和信度效度分析；再次利用结构方程模型原理和 AMOS 软件对理论假设进行检验；最后得出实证研究的结果并阐释其意义。

5.1　研究方法与研究设计

实证研究方法可以是定量研究法（Quantitative Research Method），也可以是定性研究法（Qualitative Research Method），二者在研究目标、重点、样本量等方面的不同也就导致了研究设计的差异。与定性研究相比较，定量研究的目标主要是为了检验理论或作出预测，重点在于解释或预测，样本量通常较大；由此在研究设计上定量研究注重大样本数据的收集，在项目开始前作出设计决定而不是随着项目的进行做调整，并且主要采用统计或数理方法展开研究。① 由于这里是对前面构建的理论模型做验证，需要通过较大数量的样本分析来检验理论假设，所以适合采取定量研究方法与设计。

5.1.1　实证研究方法的选用

本书采用的实证研究方法包括两个部分：一个是统计分析方法，主要使用 SPSS 统计软件分析模型中各个要素及其它们之间关系，对数据进行基础性描述，从而反映变量的基本特征；另一个是运用结构方程模型，通过 AMOS 软件包对采集数据的运行来验证之前提出的理论模型，以便判断模型中的各个假设是否成立，从而确定模型的合理性。

（1）第一部分的统计分析为实证研究的基本方式，主要是描述样本的总体情况和根本特征。由于本书的研究对象是以企业为核心的专利实施战略联盟，样本均为创新型企业，因而统计分析部分反映样本企业的性质（国有、民营或其他性质）、所属行业、研发人员数量、销售收入、合作单位数量等方面特征。此外，根据与理论模型中变量相关的测量指标的设定，基于采集的数据，利用 SPSS20.0 软件做信度和效度分析，以保证它们在可接受范围之内，从而确保统计结果的价值。这里用到的 SPSS20.0 软件即"统计产品与服务解决方案20.0"（Statistical Product and Service Solutions 20.0），是在 SPSS 推出以来经历多次升级、完善后的较新版本，集数据整理、分析功能于一体，并且在 Advanced Statistics 模块中增加了更多模型，图表绘制功能也得到加强，非常适合于经济管理的统计研究。② 因此，本书将设计测量指标，收集相关数据，以此软件为工具展开统计分析。

---

① D Cooper, P Schindler 著，孙健敏 改编. 企业管理研究方法 [M]. 北京：中国人民大学出版社，2013：110 –113.

② 吴广，刘荣等编著. SPSS 统计分析与应用 [M]. 北京：电子工业出版社，2013：1 –2.

（2）第二个部分的结构方程模型是一种广泛应用于社会科学领域的统计建模和分析方法。它通过线性方程系统表示潜变量之间，以及观测变量与潜变量之间的关系[①]，主要用于评价所建的理论模型与获得的经验数据之间的一致性。结构方程模型的英文简称为 SEM（Structural Equation Modeling），也有学者称之为 LVM（Latent Variable Models），即潜在变量模型，其原理是基于协方差模型分析潜在变量问题，检验研究者的假设模型中的协方差矩阵与所获数据导出的协方差矩阵之间的差异，这体现出 SEM 的验证性功能；同时，SEM 还有描述性功能，即通过变量间的协方差矩阵观测多个连续变量的关联度；此外，SEM 的一个重要特点是其测量方法建立在以观察变量的设定之上，通过可以测量的观察变量来解释无法直接测量的潜在变量之间的关系，即是以测量所得数据来代替构念（Construct），从而得到更有效的统计结果。[②] 由于本书的理论模型中知识因素、技术因素、价值因素、联盟构建等潜在变量无法直接测量，但通过细致的理论结合实际分析提出了相关的观察变量，并拟就这些观察变量进行问卷调查和数据收集，所以结构方程模型（SEM）方法适用于这里的实证研究。

SEM 分析软件有多种类型，较为常用的包括 LISREL、AMOS、EQS 等软件，其中矩结构分析（Analysis of Moment Structures，AMOS）属于 SPSS 家族系列，因为本书第一部分统计分析用到的就是 SPSS20.0 软件，所以在第二部分实证研究中选择 AMOS20.0 软件来完成 SEM 分析。AMOS 的矩结构分析在本质上与协方差矩阵一致，综合了传统线性模型与共同因素分析，能同时处理多个变量，其工具箱中的绘图按键可以迅速制作可视化 SEM 模型图，对模型适配及参

---

① 林嵩，姜彦福. 结构方程模型理论及其在管理研究中的应用 [J]. 科学学与科学技术管理，2006（2）：38 - 41.

② 吴明隆. 结构方程模型——AMOS 的操作与应用 [M]. 重庆：重庆大学出版社，2010：2 - 7.

考指标加以评估、修正，导出优化模型。

需要指出的是，正因为 AMOS 软件是基于 SEM 的实务性应用，所以在使用该软件过程之初就必须从 SEM 的基本结构出发。SEM 包含了测量模型和结构模型两个部分：测量模型（Measurement Model）涵盖了潜在变量和观察变量，是一组观察变量的线性函数；结构模型（Structural Model）体现出潜在变量之间的因果关系，即外因潜在变量与内因潜在变量之间的因果联系。测量模型和结构模型可用方程式描述如下。[①]

$$X = \lambda_X \xi + \delta \tag{5.1}$$

$$Y = \lambda_Y \eta + \varepsilon \tag{5.2}$$

$$\eta = \beta\eta + \gamma\xi + \zeta \tag{5.3}$$

其中，式（5.1）和式（5.2）是测量模型方程式，式（5.3）是结构模型方程式。在测量模型方程（5.1）中，X 为外生观测变量向量，ξ 为外生潜在变量或称为自变量，δ 为 X 变量的测量误差，λ_X 为 X 与外生潜在变量 ξ 之间的因素负荷量；在测量模型方程（5.2）中，Y 为内生观测变量向量，η 为内生潜在变量或称为依变量，ε 为 Y 变量的测量误差，λ_Y 为 Y 与内生潜在变量 η 之间的因素负荷量。在结构方程模型（5.3）中，β 表示内生潜在变量对内生潜在变量的作用系数，η 表示内生潜在变量，γ 表示外生潜在变量对内生潜在变量的作用系数，ξ 表示外生潜在变量，ζ 表示结构方程模型的误差项。

综合以上分析的实证研究方法选择，结合本书要探究的知识因素、技术因素、价值因素对专利实施战略联盟构建的影响作用，接下来首先做基于统计原理和 SEM（结构方程模型）的实证研究量表设计，进而依据量表形成调查问卷并收集相关数据，再使用 SPSS20.0 软件和 AMOS20.0 软件做统计分析，从而验证之前提出的理论模型及假设与实践的匹配度，以获得理论与实际相协调的依据，使专利实施

---

① 荣泰生. AMOS 与研究方法 [M]. 重庆：重庆大学出版社，2009：10-11.

战略联盟理论更好的支持创新管理决策。

5.1.2 实证研究设计

1. 理论假设设计

上一章对专利实施战略联盟构建影响因素的理论模型研究表明，影响专利实施战略联盟构建的主要因素包括知识因素、技术因素、价值因素，其中价值因素既是影响因素变量又是中介因素变量。在深入的文献分析基础上，对于这些因素间的关系和它们与联盟构建的关系提出了共计八条理论假设，如表5－1所示。

表5－1 理论假设汇总

序号	理论假设要点
H1	知识因素与技术因素直接相关
H2	知识因素与价值因素直接相关
H3	技术因素与价值因素直接相关
H4	知识因素对专利实施战略联盟构建有积极影响
H5	技术因素对专利实施战略联盟构建有积极影响
H6	价值因素对专利实施战略联盟构建有积极影响
H7	价值因素在知识因素和联盟构建之间起着中介作用
H8	价值因素在技术因素和联盟构建之间起着中介作用

2. 测量变量设计

基于上述理论假设要点，通过进一步的文献理论研究，结合量表设计的要求，本书开发出各因素的测量量表，包括测量变量因素和测量项目，并对测量变量因素进行清晰的解释，对测量项目进行简洁而准确的界定，同时提供了测量设计的依据，以保证所设计的测量项目的理论来源有可靠基础。测量变量因素分为三类：因变量、果变量、中介变量；因变量实际上就是解释变量，包括知识因素、技术因素、价值因素，这三个变量因素又各自包含着具体的测量项目；果变量其实就是被解释变量，即专利实施战略联盟的构建，由几个相应的测量项目组成；中介变量为价值因素，它在知识因素与联盟构建之间、技术因素与联盟构建之间起着中介作用，同样包含着与之对应的测量项目。具体分析如下。

（1）因变量。

知识因素是因变量中的首要变量，因为新知识是专利技术和价值创造的来源，并且知识在不同组织间的分布、流动、共享和吸收等因素都影响着专利实施战略联盟的构建。[1][2][3][4] 这里通过表 5 - 2 归纳如何测量知识因素这一变量。

表 5 - 2　　　　　　　　知识因素（因变量 1）的测量

变量名称	含义	测量项目	依据/来源
知识因素	知识是企业创新的基础资源，企业同伙伴组织间的知识互动与协作促使互补性知识资源得以整合，创造出新知识，推动了技术创新、价值创造及合作关系	①企业从合作伙伴那里获得知识以促进技术创新 ②组织间合作知识创造能产生价值创造所需新知识 ③知识资源嵌入在企业同其他组织相互作用所形成的社会网络中 ④企业同合作伙伴的知识分工、协作是必要的	H Zhang，C Shu，X Jiang，A Malter（2010） H Reus，L Ranft，T Lamont（2009） 顾新，郭耀煌，李久平（2003） 冯涛，邓俊荣（2010）

技术因素是因变量中的重要变量，因为专利技术研发连接着创新知识和市场价值，并且技术转移的新颖度、市场需求度等因素都影响

---

① H Zhang，C Shu，X Jiang，A Malter. Managing Knowledge for Innovation：The Role of Cooperation，Competition，and Alliance Nationality［J］. Journal of International Marketing，2010，18（4）：74 - 94.

② H Reus，L Ranft，T Lamont. An Interpretive Systems View of Knowledge Investment［J］. Academy of Management Review，2009，34（3）：382 - 400.

③ 顾新，郭耀煌，李久平. 社会资本及其在知识链中的作用［J］. 科研管理，2003，24（5）：44 - 48.

④ 冯涛，邓俊荣. 从劳动分工到知识分工的组织间合作关系演进［J］. 学术月刊，2010，42（8）：92 - 98.

着专利实施战略联盟的构建。①②③④ 这里通过表 5 – 3 归纳如何测量技术因素这一变量。

表 5 – 3　　　　　　　　　技术因素（因变量 2）的测量

变量名称	含义	测量项目	依据/来源
技术因素	企业专利技术的新颖程度、市场需求程度与其能产生的价值高度相关，并且要依靠外部资源的整合来实现，这促成了企业与其他组织的联盟关系	①专利技术的新颖度与市场需求度决定了其价值 ②企业寻求外部合作力量来推动技术创新、专利研发以提升价值创造 ③跨组织的技术集成创新促进了组织间合作 ④企业利用丰富的外部技术资源提高了创新绩效	H Chesbrough（2005） M Ryan（2010） 时良艳（2007） 陈劲（2013）

价值因素是因变量中的关键变量，因为市场经济条件下，专利实施活动以价值实现为导向，价值的创造的复杂性要求不同组织间相互合作。⑤⑥⑦ 这里通过表 5 – 4 归纳如何测量价值因素这一变量。

---

① H Chesbrough 著，金马译．开放式创新：进行技术创新并从中赢利的新规则［M］．北京：清华大学出版社，2005：73 – 75.

② M Ryan. Patent Incentives, Technology Markets, and Public – Private Bio – Medical Innovation Networks in Brazil［J］. World Development, 2010, 39（8）：1082 – 1093.

③ 时良艳．技术集成创新中的专利管理问题初探［J］．科学学与科学技术管理，2007（2）：28 – 32.

④ 陈劲．全球化背景下的开放式创新：理论构建和实证研究［M］．北京：科学出版社，2013：70 – 80.

⑤ G Markman, D Siegel, Mike Wright. Research and Technology Commercialization［J］. Journal of Management Studies, 2008, 45（8）：1401 – 1423.

⑥ 郑素丽，宋明顺．专利价值由何决定？［J］．科学学研究，2012, 30（9）：1316 – 1324.

⑦ D Lavie. Capture Value from Alliance Portfolios［J］. Organizational Dynamics, 2009, 38（1）：26 – 36.

表 5 – 4　　　　　　　　　价值因素（因变量 3）的测量

变量名称	含义	测量项目	依据/来源
价值因素	市场价值引导着专利实施活动，使企业围绕专利价值的实现寻求与其他组织拓展合作的深度与深度，建立联盟伙伴关系	①价值在专利商业化过程中起着导向作用 ②专利价值实现的复杂性影响着组织合作的广度与深度 ③企业围绕专利价值的实现寻求与其他组织建立联盟伙伴关系	G Markman，D Siegel（2008）郑素丽，宋明顺（2012）D Lavie（2009）

（2）果变量。

对知识因素、技术因素、价值因素的测量是为了分析它们对专利实施战略联盟构建的影响作用，因此联盟构建是果变量。由于联盟构建本质上是不同组织通过合作关系的建立来达到高效专利实施的创新目标，以实现专利的价值，所以可以通过表 5 – 5 归纳如何测量果变量。①②③

表 5 – 5　　　　　　　　　联盟构建（果变量）的测量

变量名称	含义	测量项目	依据/来源
联盟构建	企业、学研机构与其他相关组织为了有效进行专利实施，通过合作方式建立联盟型组织，以实现专利的经济价值和社会价值	①创新资源整合利用效率 ②专利转化为产品的比例 ③专利商品化的规模收益	邢胜才（2005）D Lavie（2009）E Webster，P Jensen（2011）

（3）中介变量。

---

①　邢胜才. 积极推进专利实施与产业化 [J]. 中国发明与专利，2005（11）：16 – 23.

②　D Lavie. Capture Value from Alliance Portfolios [J]. Organizational Dynamics，2009，38（1）：26 – 36.

③　E Webster，P Jensen. Do Patents Matter for Commercialization? [J]. Journal of Law and Economics，2011，54（5）：431 – 453.

　　除了对因变量和果变量的测量，本书还将价值因素作为中介变量，表现在两个方面：一是价值因素在知识因素和联盟构建之间起着中介作用，二是价值因素在技术因素和联盟构建之间起着中介作用；对作为中介变量的价值因素的测量如表5－6所示。①②③④

表5－6　　　　　　　作为中介变量的价值因素测量

变量名称	含义	测量项目	依据/来源
在知识与联盟构建之间起中介作用的价值因素	价值是企业整合、利用不同组织知识与建立联盟合作关系的结合点	①企业会从价值角度识别对专利实施有知识补益的伙伴组织②企业能充分利用合作伙伴的知识来创新价值③创新价值的实现及分配激励着组织间建立联盟	G Dagnino，G Padula（2002）刘雪梅（2013）
在技术与联盟构建之间起中介作用的价值因素	价值创造离不开企业技术资源与外部社会网络资源的整合利用，这促使组织间联盟以有效实现专利技术的价值	①价值创造要求技术资源与其他资源互补②企业谋求内部技术资源与外部社会网络资源的有机结合创造价值③合作创造价值导向下，企业趋向于与其他组织联盟实现专利技术实施	U Wassmer，P Dussauge（2011）J Collins（2013）

3. 问卷设计、发放与回收

（1）问卷设计。

---

　　① G Dagnino，G Padula. Coopetition Strategy：A New Kind of Interfirm Dynamics for Value Creatition［C］. Stockholm：Proceedings of the 2002 EURAM Conference，May 2002，9－11.

　　② 刘雪梅. 联盟组合：价值实现及其治理机制研究［D］. 成都：西南财经大学，2013：29－33.

　　③ U Wassmer，P Dussauge. Value Creation in Alliance Portfolios：the Benefits and costs of Network Resource Interdependences［J］. European Management Review，2011，8（1）：47－64.

　　④ J Collins. Social Capital as a Conduit for Alliance Portfolio Diversity［J］. Journal of Managerial Issues，2013，25（1）：62－78.

　　针对本书的主题——合作创新下的专利实施战略联盟，在理论分析和变量测量量表制作的基础上，问卷设计基于专利实施战略联盟构建的影响因素而产生。同时，由于本书选择以企业为主的联盟作为重点研究对象，所以问卷设计及调查围绕企业展开。问卷包括了如下几个部分：第一部分，调查问卷说明；第二部分，对"专利实施战略联盟"概念的解释；第三部分，企业基本情况；第四部分，专利实施战略联盟构建影响因素，其中又包含知识因素、技术因素、价值因素、在知识因素与联盟构建之间起中介作用的价值因素、在技术因素与联盟构建之间起中介作用的价值因素等细分内容；第五部分，专利实施战略联盟构建产生的合作创新效果。

　　问卷中变量的测度主要依据李克特量表（Likert Scale）的原理来设置，该量表又被称为总加量表，常用于社会调查或心理研究中的态度测量。通过使用李克特量表让被调查者对问卷中的问题或陈述给出等级判断，从而得到他们对该问题的态度、看法、倾向，是一种变量测度的主观感知评价方法。[①] 常用的李克特量表包括五级量表和七级量表，两者之间并无本质区别，只是七级量表的评价刻度更为细致。本书采用李克特七级量表，将评价等级设置为 1～7 共七个等级，在问卷中对应着"很低"，"低"，"较低"，"一般"，"较高"，"高"，"很高"七个评价刻度。即是说，若受访者对某一问题题项的评价选择"很低"，则在统计时记为 1 分，若受访者对某一问题题项的评价选择"很高"，则在统计时记为 7 分，其余类推；某一题项的总分越高，就说明受访者总体态度越积极，由此决定了该题项所代表的测量项目的影响程度。

　　为了保证问卷的合理性和可靠性，在设计问卷时要遵循一定的流程，理论研究、专家访谈、田野调查、问卷测试及修改在这个流程中

---

　　① C Wigley. Dispelling Three Myths about Likert Scales in Communication Trait Research [J]. Communication Research Reports, 2013, 30（4）: 366–372.

都是必要的。[①] 据此，本书中问卷设计的第一步为理论研究，通过大量的关于组织合作创新、专利实施、知识管理、技术创新、价值创造、战略联盟等方面的文献检索阅读，做细致的分析、归纳，提炼出同影响因素和联盟构建紧密联系的 23 个指标，由此形成调查问卷的预备题项体系。第二步是将预备题项向专家征求意见，先后请了 5 位创新管理、战略管理等领域的教授对题项进行查看，从理论角度论证题项的合理性，并根据他们的意见删除了 1 个题项，修改了 1 个题项。第三步是结合调研目标和修改后的指标题项，对成都、重庆、深圳、郑州等地的 8 个创新型公司的管理人员进行现场访谈或电话访谈，这些公司在合作创新及专利实施方面有着成功的经验或面临着现实的问题，从实践角度对题项提出了看法，就此又对题项进行了修改，删除了 3 个题项，增加了 1 个题项，优化了 2 个题项，这样，整个问卷包括了 20 个指标题项，再加上 10 个基本情况调查题项，共 30 个题项。第四步是将问卷发给 11 家企业做预调查，征求他们对问卷的总体评价，反馈意见表明问卷的整体评价体系良好，但局部的问题设置或提法需要完善，在改进之后再次听取他们的意见后做了微调，形成了最终调查问卷（具体的问卷内容见文末的附录："合作创新下的专利实施战略联盟研究"调查问卷）。

（2）问卷发放与回收。

因为本书主要研究以企业为核心的专利实施战略联盟，并且专利实施是一项创新活动，所以问卷发放的对象为有研发业务的创新型企业，而不是简单的做组装或加工的企业。同时，从问卷反馈信息的质量要求出发，问卷的填写尽量请企业的管理人员或研发人员完成。而问卷发放的路径则采用多管齐下的方式，以提高样本数和回收率，包括使用专业的网络问卷工具"问卷星"来发布问卷、通过电子邮件定向发给企业界的朋友填写、委托一些相识的行业协会工作人员传递

---

① J Rowley. Designing and Using Research Questionnaires [J]. Management Research Review, 2014, 37 (3): 308 - 330.

问卷、到企业实地走访填写、通过高校的 EMBA 中心、MBA 中心发放问卷等。

从 2015 年 5 月到 9 月，通过以上渠道共发出问卷 351 份，回收问卷 239 份，回收率为 68.1%。其中网络问卷（包括问卷星、电子邮件）发出 164 份，回收 97 份，回收率 59.1%；行业协会发出问卷 57 份，回收 39 份，回收率 68.4%；实地走访发出问卷 16 份，回收 16 份，回收率 100%；由四川大学、重庆工商大学等高校 EMBA 中心、MBA 中心发出问卷 114 份，回收 87 份，回收率 76.3%。实地走访的方式获得的问卷回收率高是因为在走访之前通常都与对方联系好，现场填写问卷并立即回收，所以问卷全部收回；而网络问卷回收率低是因为网络上与调研对象的联系不太容易掌控，有时发过去的网络问卷链接地址或电子邮件得不到回应，尽管如此，由于网络问卷发放的数量较多，所以最后回收的数量也相对较多。

在问卷回收之后，经过仔细甄别，有效问卷份数共计 205 份，问卷有效率为 85.8%。即是说，有效样本数是 205。SEM（结构方程模型）是大样本方法，用于 SEM 分析的样本多少个才合适，不同学者有着不同的看法。有学者认为样本数量与预计参数的比例应在 5∶1～10∶1 之间[1]，还有学者建议 SEM 分析的样本数要不少于 150 个，否则模型估计的稳定性会受到影响。[2] 也有观点提出 SEM 分析的中型样本数量一般大于 200 个，如果想要达到 SEM 分析结果的稳定性，较为理想的样本数目为 200 个以上。[3] 总体而言，本书的样本数符合 SEM 分析的要求，能够提供稳定的检验结果。

---

[1]　M Bentler，C Chou. Practical Issues in Structural Modeling [J]. Sociological Methods and Research，1987，16（1）：78.

[2]　R Edward. A Necessary and Sufficient Identification Rule for Structural Models Estimated in Practice [J]. Multivariate Behavioral Research，1995，30（3）：359.

[3]　吴明隆. 结构方程模型——AMOS 的操作与应用 [M]. 重庆：重庆大学出版社，2010：5-6.

4. 样本总体情况描述

（1）从样本企业的基本性质来看，民营企业 136 家，所占比例约为 66.3%；国有企业 42 家，所占比例约为 20.5%；独资企业 3 家，所占比例约为 1.5%；合资企业 19 家，所占比例约为 9.3%；其他性质的企业 5 家，所占比例约为 2.4%，如表 5-7 所示。

表 5-7   样本企业基本性质描述

企业基本性质	样本企业数目	百分比（%）
民营企业	136	66.3
国有企业	42	20.5
独资企业	3	1.5
合资企业	19	9.3
其他性质	5	2.4
合计	205	100.0

（2）从样本企业所属的行业类型来看，成品制造企业 64 家，所占比例约为 31.2%；零部件生产企 83 家，所占比例约为 40.5%；信息传输企业 16 家，所占比例约为 7.8%；技术服务企业 24 家，所占比例约为 11.7%；其他类型企业 18 家，所占比例约为 8.8%，如表 5-8 所示。

表 5-8   样本企业主要类型描述

企业主要类型	样本企业数目	百分比（%）
成品制造	64	31.2
零部件生产	83	40.5
信息传输	16	7.8
技术服务	24	11.7
其他类型	18	8.8
合计	205	100.0

（3）从样本企业成立年限来看，5 年及以下的 47 家，所占比例约为 22.9%；6~10 年的 52 家，所占比例约为 25.4%；11~15 年的 63 家，所占比例约为 30.7%；16~20 年的 28 家，所占比例约为 13.7%；20 年以上的 15 家，所占比例约为 7.3%，如表 5-9 所示。

表 5 - 9   样本企业成立年限描述

企业成立年限	样本企业数目	百分比（%）
5 年及以下	47	22.9
6 ~ 10 年	52	25.4
11 ~ 15 年	63	30.7
16 ~ 20 年	28	13.7
20 年以上	15	7.3
合计	205	100.0

（4）从样本企业员工数量来看，300 人及以下 84 家，所占比例约为 41.0%；301 ~ 600 人 71 家，所占比例约为 34.6%；601 ~ 900 人 32 家，所占比例约为 15.6%；901 ~ 1200 人 10 家，所占比例约为 4.9%；1200 人以上 8 家，所占比例约为 3.9%，如表 5 - 10 所示。

表 5 - 10   样本企业员工人数描述

企业员工人数	样本企业数目	百分比（%）
300 人及以下	84	41.0
301 ~ 600 人	71	34.6
601 ~ 900 人	32	15.6
901 ~ 1200 人	10	4.9
1200 人以上	8	3.9
合计	205	100.0

（5）从样本企业研发人员数量来看，20 人及以下 83 家，所占比例约为 40.5%；21 ~ 40 人 74 家，所占比例约为 36.1%；41 ~ 60 人 29 家，所占比例约为 14.1%；61 ~ 100 人 13 家，所占比例约为 6.3%；100 人以上 6 家，所占比例约为 3.0%，如表 5 - 11 所示。

表5-11   样本企业研发人员数量描述

企业研发人员人数	样本企业数目	百分比（%）
20 人及以下	83	40.5
21~40 人	74	36.1
41~60 人	29	14.1
61~100 人	13	6.3
100 人以上	6	3.0
合计	205	100.0

（6）从样本企业年均销售收入来看，500 万元及以下 41 家，所占比例约为 20.0%；501 万~1000 万元 64 家，所占比例约为 31.2%；1001 万~3000 万元 49 家，所占比例约为 23.9%；3001 万~5000 万元 31 家，所占比例约为 15.1%；5000 万元以上 20 家，所占比例约为 9.8%，如表 5-12 所示。

表5-12   样本企业年均销售收入描述

企业年均销售收入	样本企业数目	百分比（%）
500 万元及以下	41	20.0
501 万~1000 万元	64	31.2
1001 万~3000 万元	49	23.9
3001 万~5000 万元	31	15.1
5000 万元以上	20	9.8
合计	205	100.0

（7）从与样本企业保持创新合作关系的其他企业数量来看，5 个及以下 37 家，所占比例约为 18.0%；6~10 个 78 家，所占比例约为 38.0%；11~15 个 76 家，所占比例约为 37.1%；16~20 个 11 家，所占比例约为 5.4%；20 个以上 3 家，所占比例约为 1.5%，如表 5-13 所示。

表 5 – 13　　　　　与样本企业保持创新合作关系的其他企业数量描述

合作企业数量	样本企业数目	百分比（%）
5 个及以下	37	18.0
6 ~ 10 个	78	38.0
11 ~ 15 个	76	37.1
16 ~ 20 个	11	5.4
20 个以上	3	1.5
合计	205	100.0

（8）从与样本企业保持创新合作关系的大专院校或研究机构数量来看，5 个及以下 39 家，所占比例约为 19.0%；6 ~ 10 个 95 家，所占比例约为 46.3%；11 ~ 15 个 46 家，所占比例约为 22.4%；16 ~ 20 个 18 家，所占比例约为 8.8%；20 个以上 7 家，所占比例约为 3.5%，如表 5 – 14 所示。

表 5 – 14　与样本企业保持创新合作关系的大专院校或研究机构数量描述

合作学研机构数量	样本企业数目	百分比（%）
5 个及以下	39	19.0
6 ~ 10 个	95	46.3
11 ~ 15 个	46	22.4
16 ~ 20 个	18	8.8
20 个以上	7	3.5
合计	205	100.0

（9）从与样本企业保持创新合作关系的其他类型组织（如中介机构、政府相关部门）来看，5 个及以下 77 家，所占比例约为 37.6%；6 ~ 10 个 84 家，所占比例约为 41.0%；11 ~ 15 个 35 家，所占比例约为 17.1%；16 ~ 20 个 7 家，所占比例约为 3.3%；20 个以上 2 家，所占比例约为 1.0%，如表 5 – 15 所示。

表 5 – 15   与样本企业保持创新合作关系的其他类型组织数量描述

其他创新合作机构数量	样本企业数目	百分比（%）
5 个及以下	77	37.6
6 ~ 10 个	84	41.0
11 ~ 15 个	35	17.1
16 ~ 20 个	7	3.3
20 个以上	2	1.0
合计	205	100.0

以上样本企业基本情况统计描述表明，受访企业均不同程度的参与了合作创新，与本书设计的调研目标和主旨一致；尽管样本企业在基本性质、所属行业、规模大小（员工数量、销售收入）等方面存在差异，但研发力量都在各个企业中占有一定比例（研发人员数量），并且样本企业与学研机构、其他企业、政府部门、中介机构都保持着以创新为目的的合作关系；总体上呈现出企业规模越大、研发力量越强，则参与合作创新越多的态势。企业的这些特征较好地满足了本书对专利实施战略联盟影响因素做实证分析的基础样本要求，为接下来的 SPSS 统计分析、SEM 模型的建立与验证以及 AMOS 统计分析做好了铺垫。

5.2 问卷变量的信度分析

为了保证问卷调查结果是有效的和可靠的，对问卷中问题变量做信度分析必不可少。信度是指问卷可信程度，代表着问卷的可靠性。问卷的信度越高，测量变量的项目间越具有较强的内在一致性，意味着测量的结果越可靠。对信度的分析有折半信度、Alpha 信度等不同的方法，本书采用 Cronbach's Alpha 信度系数法，即克朗巴哈系数法，这是目前广泛用于社会科学研究的信度分析方法；为简明起见，该系数通常可简称为 Alpha 系数。

一般情况下，若 Alpha 系数在 0.9 之上，则量表具有很好的信度；若 Alpha 系数在 0.8 ~ 0.9 之间，则量表的信度较好；若 Alpha 系数在 0.7 ~ 0.8 之间，则量表的信度可以接受；但 Alpha 系数在 0.7 以下，则量表中有些项目需要修正甚至移除。① 总体来看，信度分析结果的系数要在 0.8 以上才表明问卷中的量表具备良好的可靠性。本书通过将回收的有效调查问卷中量表题项数据输入到 SPSS20.0 软件的"可靠性分析"程序，得到的检验结果如表 5 – 16 所示。

表 5 – 16 问卷题项的 Alpha 系数测量

Cronbach's Alpha	基于标准化项的 Cronbach's Alpha
0.809	0.817
项数	N
20	205

从表 5 – 16 的统计结果可以看到，Alpha 系数以及基于标准化项的 Alpha 系数均在 0.8 以上，这表明问卷的信度较高。

同时，表 5 – 17 显示了各个题项的基本统计量，包括每个题项的均值、标准偏差和题项数量。

表 5 – 17 问卷题项的项统计量

题项	均值	标准偏差	N
K1	5.10	0.955	205
K2	5.16	0.624	205
K3	5.24	0.723	205
K4	6.04	0.676	205
T1	5.76	0.779	205
T2	6.04	0.841	205
T3	5.96	0.676	205
T4	6.00	0.707	205
9V1	5.72	0.792	205
V2	5.84	0.850	205
V3	5.36	0.860	205

---

① 吴广，刘荣. SPSS 统计分析与应用 [M]. 北京：电子工业出版社，2013：351 – 352.

续表

题项	均值	标准偏差	N
KA1	5.76	0.663	205
KA2	5.76	0.723	205
KA3	6.12	0.726	205
TA1	5.88	0.726	205
TA2	5.64	0.907	205
TA3	5.36	0.810	205
R1	5.40	0.764	205
R2	5.12	0.726	205
R3	5.32	0.857	205

5.3　样本的效度分析

效度（Validity）分析是为了检验由问卷所形成的量表能够测量理论概念及特质的程度。一个研究量表的效度通常包含外在效度和内在效度两个层面，外在效度涉及量表中样本的代表性、观察的普遍性、解释的客观性等问题，而内在效度关系到量表设计的概念准确性、理论可靠性、操作有效性等方面。[①] 效度一般有三个类型：建构效度（Construct Validity）；内容效度（Content Validity）；效标关联效度（Criterion – Related Validity）。相较于内容效度和校标关联效度，建构效度是一种更为严谨的效度检验方式，它既有理论分析的逻辑基础，又依据调查研究得到的实际数据来验证理论的有效性，反映出理论概念或特质的可测量程度。[②] 基于此，本书采用建构效度来进行问卷量表的效度分析。

按照建构效度分析的基本步骤，本书设计的分析过程包括：第一步，

---

① 吴明隆. 问卷统计分析实务：SPSS 操作与应用 [M]. 重庆：重庆大学出版社，2010：194 – 196.

② G Stephen. On Validity Theory and Test Validation [J]. Educational Researcher, 2007 (8)：477 – 481.

在文献回顾、专家访谈的基础上构建专利实施战略联盟影响因素的理论假设；第二步，根据构建的理论假设编制适宜的问卷量表；第三步，选择合适的企业受访者作为调查对象发放量表进行测量；第四步，运用统计学中的实证方法检验量表能否很好的解释先前构建的理论概念或特质；第五步，依据检验结果得出建构效度分析结果。本书在之前的工作中已完成了前三步的内容，接下来做第四步和第五步的工作。

统计学中检验建构效度的常用方法为因子分析（Factor Analysis），即进行共同因子的有效提取，并且这些共同因子与理论假设的特质非常相近，那么量表的建构效度就是较佳的。[①] 因子分析实际上属于探索性因素分析方法，其目的在于减少量表中题项数量，发现量表的内在结构，使得变量的相关度较高而数目较少，以便简化数据结构。同时，因子分析法对量表题项数目和样本数（接受量表测试的人数）也有要求，通常社会科学研究中认为样本大小视变量（题项）数目而定，要获得可靠的因素结构，每 1 个变量（题项）需要 5 ~ 20 个样本。[②] 由于本书的量表中变量（题项）为 20 个，而有效样本数为 205 个，即平均 1 个变量（题项）对应着约 10 个样本，所以符合因子分析法对样本的要求。

通过使用 SPSS20.0 统计软件中的"分析"功能，对量表做 KMO 与 Bartlett 检验以判断量表从整体上来看是否适合做因子分析。KMO 检验，即 Kaiser – Meyer – Olkin 检验，是一种常用的比较变量之间简单相关系数矩阵与偏相关系数的统计量指标，被广泛用于多元统计的因子分析。如果 KMO 度量值越接近 1 说明量表越适合做因子分析。Bartlett 的球形度检验，即 Bartlett Test of Sphericity，以相关系数矩阵为单位矩阵作原假设，若变量之间具有相关关系，则 Sig 值（显著性概率）拒

---

① 库珀，欣德勒，孙健敏. 企业管理研究方法 [M]. 北京：中国人民大学出版社，2013：397 – 401.

② J Stevens. Applied Multivariate Statistics for the Social Science [M]. New York：Lawrence Press，2002：52 – 53.

绝原假设，由此可知量表适合做因子分析。本书在做 KMO 及 Bartlett 的检验时采取主成分分析方法，在转轴法上采用最大变异法，共同因子的抽取按照特征值大于 1 来进行，得到的检验结果见表 5 – 18。

表 5 – 18　　　　　　　　　KMO 及 Bartlett 的检验结果

取样足够度的 Kaiser – Meyer – Olkin 度量		0.710
Bartlett 的球形度检验	近似卡方	790.831
	df	190
	Sig.	0.000

　　由表 5 – 18 的检验结果可以看出，KMO 度量值为 0.710；而对因子分析适合性而言，KMO 统计量值的判别标准为：0.50 以下为不适合，0.50 ~ 0.60 之间为不太适合，0.60 ~ 0.70 之间为基本适合，0.70 ~ 0.80 之间为适合，0.80 ~ 0.90 之间为非常适合，0.90 ~ 1.0 之间为极佳的①；由此可以推断，本书的量表是适合做因子分析的，因为检验结果得到的 KMO 值 0.710 位于 "适合" 区间。同时，Bartlett 的球形度检验的近似卡方值为 790.831，自由度（df）为 190，显著性概率（Sig.）为 0.000 明显小于显著水平 0.05，表明变量之间具有相关关系，适合于因子分析。

　　依据特征根 > 1 的准则，采用主成分分析的提取方法进行因子抽取，表 5 – 19 给出了因子分析结果。该表中左边部分显示的是初试特征值，中间部分显示的是提取平方和载入结果，右边部分显示的是旋转平方和载入结果。其中，"合计" 栏的数值表示因子特征值，"方差的%" 栏的数值是指该因子的特征值占总特征值的百分数比例，"累积%" 栏表示累计百分比。由该表的分析结果可以得到 7 个特征值大于 1 的因子，这些因子总共解释了总方差的 60.247%，与指标设置时的变量结构基本上是一致的，这表明指标设置具备建构效度。

---

　　① 吴明隆. 问卷统计分析实务：SPSS 操作与应用［M］. 重庆：重庆大学出版社，2010：208.

表5-19　　　　　　　　　　因子分析总体方差解释

成分	初始特征值			提取平方和载入			旋转平方和载入		
	合计	方差的（%）	累积（%）	合计	方差的（%）	累积（%）	合计	方差的（%）	累积（%）
1	3.398	16.989	16.989	3.398	16.989	16.989	2.861	14.303	14.303
2	2.123	10.614	27.603	2.123	10.614	27.603	2.055	10.273	24.576
3	1.527	7.634	35.236	1.527	7.634	35.236	1.625	8.123	32.699
4	1.329	6.647	41.884	1.329	6.647	41.884	1.480	7.400	40.098
5	1.298	6.492	48.376	1.298	6.492	48.376	1.386	6.928	47.026
6	1.192	5.962	54.338	1.192	5.962	54.338	1.330	6.652	53.678
7	1.182	5.909	60.247	1.182	5.909	60.247	1.314	6.569	60.247
8	0.938	4.689	64.936						
9	0.886	4.429	69.365						
10	0.831	4.154	73.519						
11	0.753	3.766	77.285						
12	0.700	3.501	80.786						
13	0.671	3.354	84.140						
14	0.656	3.279	87.419						
15	0.613	3.067	90.487						
16	0.495	2.476	92.963						
17	0.453	2.263	95.226						
18	0.381	1.907	97.133						
19	0.320	1.601	98.734						
20	0.253	1.266	100.000						

注：提取方法：主成分分析。

表 5 - 20 给出了旋转后的因子载荷值，所采用的旋转方法为具有 Kaiser 标准化的正交旋转法。

表 5 - 20　　　　　　　　　　　旋转的因子载荷

题项	成分						
	1	2	3	4	5	6	7
K1	0.118	0.142	0.075	0.001	0.701	-0.154	0.030
K2	0.125	0.062	0.216	-0.619	0.191	0.106	-0.057
K3	0.088	-0.160	0.093	-0.088	0.121	-0.082	0.710
K4	0.043	0.192	0.008	0.196	-0.042	0.088	0.689
T1	0.032	0.148	0.201	0.031	-0.149	0.668	0.004
T2	0.005	0.149	0.101	0.453	-0.249	0.218	0.120
T3	-0.001	0.610	-0.296	-0.336	0.005	-0.091	0.296
T4	0.122	-0.165	-0.206	0.018	0.123	0.671	-0.030
V1	-0.031	0.009	0.025	-0.180	0.636	0.439	0.117
V2	-0.028	-0.205	0.584	0.118	0.191	-0.238	0.273
V3	-0.104	0.217	0.509	-0.019	-0.285	0.227	0.294
KA1	0.060	0.206	0.733	-0.084	0.055	0.050	-0.080
KA2	0.117	0.588	0.437	-0.010	0.116	-0.002	-0.065
KA3	0.118	0.738	0.159	0.109	-0.045	0.009	-0.049
TA1	0.110	0.669	0.036	0.369	0.226	0.076	0.023
TA2	0.252	0.185	0.109	0.683	0.333	-0.033	-0.040
TA3	0.751	0.073	-0.004	0.191	-0.019	0.083	-0.111
R1	0.841	0.075	0.099	-0.065	-0.057	-0.040	0.035
R2	0.851	0.083	0.010	0.068	0.110	0.036	0.099
R3	0.831	0.046	-0.075	-0.133	0.153	0.088	0.124

5.4　结构方程模型的建立、检验与评价

为了探究专利实施战略联盟构建影响因素及其之间的关系，在对专利实施战略联盟构建影响因素做了理论分析和问卷调查之后，进而又对问卷量表做了信度及效度检验，接下来基于理论模型和基础变量

建立结构方程模型，并对其进行检验与评价，以得到专利实施战略联盟构建影响因素及其关系的可靠结果。

5.4.1　建立结构方程模型

结构方程模型（SEM）建立在理论模型基础之上并反映变量间的因果关系，这就需要在建立结构方程模型时明确潜在变量和观察变量之间的对应关系，并且以结构模型图的方式表现变量间的理论逻辑联系。根据本书第 4 章中的专利实施战略联盟构建影响因素的理论模型，结合本章中的变量分析（具体见前文表 5 - 2 ~ 表 5 - 6），提炼出潜在变量和观察变量的对应关系如表 5 - 21 所示。

表 5 - 21　　　　专利实施战略联盟影响因素的变量关系

潜在变量	观察变量	问卷题项
知识因素	伙伴知识获取 合作知识创造 知识资源互补 知识分工协作	①企业从合作伙伴那里获得知识以促进技术创新 ②组织间合作知识创造能产生价值创造所需新知识 ③知识资源嵌入在企业同其他组织相互作用所形成的社会网络中 ④企业同合作伙伴的知识分工、协作是必要的
技术因素	专利技术价值来源 专利技术合作研发 集成技术创新合作 外部技术资源利用	①专利技术的新颖度与市场需求度决定了其价值 ②企业寻求外部合作力量来推动技术创新、专利研发以提升价值创造 ③跨组织的技术集成创新促进了组织间合作 ④企业利用丰富的外部技术资源提高了创新绩效
价值因素	价值导向作用 专利价值复杂性 专利价值实现	①价值在专利商业化过程中起着导向作用 ②专利价值实现的复杂性影响着组织合作的广度与深度 ③企业围绕专利价值的实现寻求与其他组织建立联盟伙伴关系

潜在变量	观察变量	问卷题项
联盟构建效果	资源整合效率 专利转化比例 专利商品化收益	①创新资源整合利用效率 ②专利转化为产品的比例 ③专利商品化的规模收益
在知识因素与联盟构建之间起中介作用的价值因素	识别知识伙伴 利用伙伴知识 激励组织联盟	①企业会从价值角度识别对专利实施有知识补益的伙伴组织 ②企业能充分利用合作伙伴的知识来创新价值 ③创新价值的实现及分配激励着组织间建立联盟
在技术因素与联盟构建之间起中介作用的价值因素	促进技术融合 内外资源结合 组织联盟实施专利	①价值创造要求技术资源与其他资源互补 ②企业谋求内部技术资源与外部社会网络资源的有机结合创造价值 ③合作创造价值导向下，企业趋向于与其他组织联盟实现专利技术实施

考虑到变量在结构方程模型中呈现时的简洁性，将表5-21中的潜在变量分别命名：知识因素（Knowledge Factor）为KF，价值因素（Technology Factor）为TF，价值因素（Value Factor）为VF，联盟构建效果（Alliance Construction Result）为ACR，在知识因素与联盟构建之间起中介作用的价值因素（Knowledge and Alliance with Value Mediating）为KAVM，在技术因素与联盟构建之间起中介作用的价值因素（Technology and Alliance with Value Mediating）为TAVM。表5-21中的观察变量分别命名为：外部知识获取K1，合作知识创造K2，知识资源互补K3，知识分工协作K4；专利技术价值来源T1，专利技术合作研发T2，集成技术创新合作T3，外部技术资源利用T4；价值导向作用V1，专利价值复杂性V1，专利价值实现V1；资源整合效率R1，专利转化比例R2，专利商品化收益R3；识别知识伙伴KA1，利用伙伴知识KA2，激励组织联盟KA3；促进技术融合TA1，内外资源结合TA2，组织联盟实施专利TA3。

由于本书中的专利实施战略联盟构建影响因素的理论模型既包括了因果变量，又包括了中介变量，所以在建立和检验结构方程模型时也分为两个部分。第一个部分是知识因素、技术因素、价值因素对联盟构建效果影响作用的因果关系模型，第二部分是价值因素在知识因素与联盟构建之间，以及技术因素与联盟构建之间起中介作用的关系模型。巴罗和肯尼（1986）①，罗（2012）② 都论述了对中介关系模型的检验的前提是先检验因果关系模型，依据他们的观点并结合本书的思路，下面先建立和检验知识因素、技术因素、价值因素与对联盟构建效果影响作用之间因果关系的结构方程模型。

　　将专利实施战略联盟够影响因素理论模型中的变量导入到 Amos20.0 软件，运用其中的 Amos Graphic 功能，得到初始 SEM 路径图，如图 5 - 1 所示。

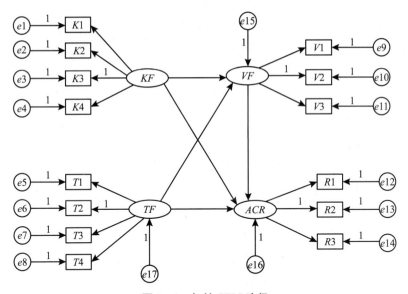

图 5 - 1　初始 SEM 路径

---

　　①　M Baron，A Kenny. The Moderator-mediator Variable Distinction in Social Psychological Research：Conceptual，Strategic and Statistical Considerations［J］. Journal of Personality and Social Psychological Research，1986，51（6）：1173 - 1182.

　　②　H Ro. Moderator and Mediator Effects in Hospitality Research［J］. International Journal of Hospitality Management，2012，31（3）：952 - 961.

5.4.2 模型的检验

模型的检验是采用一系列适配度指标，对假设模型与实际数据是否相符合的验证与评估。模型检验实际上就是对模型拟合度的评价，主要包括基本适配度（Preliminary Fit）、整体适配度（Overall Fit）、模型内在适配度（Fit of Internal Structural Model）三个方面的评价。[①]它们分别体现了模型的基本拟合度、模型的整体拟合度、模型的内在拟合度。下面从这三个角度对本书的结构方程模型加以检验。

1. 模型拟合度评价的要求

（1）模型基本适配度评价要求。

对模型基本适配度的评价要求模型基本适配度指标验证符合如下几个准则：一是不能有负的误差方差出现在估计参数中；二是所有误差变异必须达到显著水平（t 值 > 1.96）；三是估计参数统计量之间的相关绝对值不能接近 1；四是潜在变量与其观测变量之间的因素负荷量值一般应大于或等于 0.50 并且小于或等于 0.95；不能出现很大的标准误。[②]

（2）模型整体适配度评价要求。

对 SEM 的模型整体适配度评价实际上就是要检查模型路径图与所收集到的数据之间的匹配程度，这种匹配程度又被称之为模型拟合度，反映样本协方差矩阵与模型所隐含的协方差矩阵之间的接近程度，接近程度越高则该模型越是一个好模型，其检验标准为各种适配度指标（Goodness-of-fit Indices）。

---

① 吴明隆. 结构方程模型：AMOS 的操作与应用 ［M］. 重庆：重庆大学出版社，2010：38 – 39.

② P Bagozzi，Y Yi. On the Evaluation of Structural Equation Models ［J］. Journal of the Academy of Marketing Science，1988，16（1）：74 – 94.

坦巴克尼克和菲德尔（Tabachnick & Fidell，2007）[1]、吴明隆（2013）[2] 的研究表明，检验模型适配度指标有三个主要类型：

一是绝对适配度指标，包括：卡方值 χ^2，χ^2 值越小表示模型路径图与所获实际数据越适配，一个不显著（P > 0.05）的卡方值表明路径图模型与所获实际数据较为一致，如果假设模型与实际数据非常适配则 χ^2 为 0；χ^2 自由度比，也称为 NC，即规范卡方，当 NC 值 < 1 时，表明该模型过度适配，NC 值 > 2 时（也有的规定值是 3），表明假设模型无法反映实际数据并需要改进；RMR、SRMR、RMSEA 分别表示残差均方和平方根、平均残差协方差标准化的总和、渐进残差均方和平方根，当这三者各自的值小于 0.05 时，表明模型适配度较好；GFI 和 AGFI 分值别表示适配度指数和调整后适配度指数，一般而言，GFI 值 > 0.09、AGFI 值 > 0.09 时模型路径图与所获数据匹配度良好；ECVI 是期望跨效度指数，常被用来评价模型的整体适配度，ECVI 值越小则不同组别的样本之间的一致性越高，表明不同的样本都适用于该理论模型；NCP 是非集中性参数，作用在于使参数值最小化，当 NCP 值为 0 时模型具有最佳的契合度。

二是增值适配度指标，这是一类衍生性指标，又被称作比较适配度指标，包括：NFI、TLI、RFI、IFI、CFI，即规准适配指数、非规准适配指数、相对适配指数、增值适配指数、比较适配指数，通常这些指数的值在 0 与 1 之间，而指数值大于 0.9 则模型适配度较好。

三是简约适配度指标，包括：PNFI、PGFI、CN 值，即简约调整后的规准适配指数、简约适配度指数、临界样本数；当 PNFI 值 > 0.5、PGFI 值 > 0.5 时，理论模型是可以接受的；一般而言，CN 值大于等于 200 则表明假设理论模型可以反映实际样本情况。

---

① B Tabachnick，L Fidell. Using Multivariate Statistics［M］. MA：Allyn & Bacon，2007：715 – 721.

② 吴明隆. 结构方程模型：Amos 实务进阶［M］. 重庆：重庆大学出版社，2013：11 – 27.

（3）模型内在适配度评价要求。

模型内在适配度评价要求评价项目和适配标准符合以下要点①：一是所有估计参数都达到显著水平，即 $|t| > 1.96$，其符号与期望的相符；二是指标变量个别项目信度大于 0.50；三是潜变量的平均方差抽取值高于 0.50；四是潜变量的组合信度不小于 0.60；五是标准化残差绝对值 <2.58；六是修正指标（MI）<3.84。

2. 本书 SEM 模型拟合度检验与评价

（1）SEM 基本拟合度。

运用 AMOS20.0 软件，将通过问卷量表调查收集到的有效数据导入到初始模型中，得到 SEM 路径系数图（见图 5 - 2）。

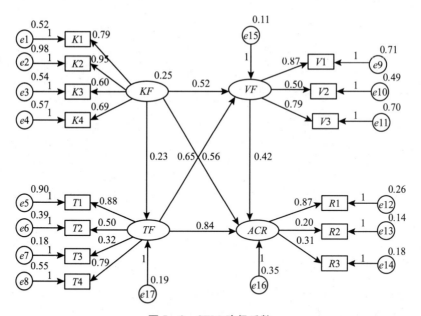

图 5 - 2　SEM 路径系数

① 吴明隆. 结构方程模型：AMOS 的操作与应用 ［M］. 重庆：重庆大学出版社，2010：53 - 59.

对基本拟合度的评价：没有出现误差方差为负；估计参数彼此间的标准相关系数没有大于或等于 1 的；没有出现大的标准误；没有出现太小值的因素负荷量；所有误差变异均达到显著水平。

根据上述分析判断可知 SEM 基本拟合度符合要求。

（2）SEM 整体拟合度。

在整体适配度指标中，本书选用的指标包括 χ^2、NC、RMR、RMSEA、GFI、IFI、CFI、PGFI 值，按照这些指标进行了本书假设理论模型检验，得到的整体拟合度检验结果如表 5 – 22 所示。

表 5 – 22　　　　　　　　　SEM 整体拟合度检验结果

检查统计量	估计值	适配的标准或临界值	拟合结果
χ^2 值	P = 0.000 < 0.05，达到显著水平	P > 0.05（未达显著水平）	适合
NC 值	1.596	1 < NC < 3 模型符合简约适配度程度 NC > 5 表示模型需要修正	符合
RMR 值	0.034	< 0.05	符合
RMSEA 值	0.046	< 0.05（适配度良好）< 0.08（适配度合理）	符合
GFI 值	0.955	> 0.90	符合
IFI 值	0.973	> 0.90	符合
CFI 值	0.889	> 0.90	不符合
PGFI 值	0.712	> 0.50	符合

从表 5 – 22 中的各项整体适配度指标拟合结果来看，SEM 的整体拟合度符合要求。

（3）SEM 内在拟合度。

SEM 内在拟合度主要是 SEM 测量模型的路径参数估计（见表 5 – 23）。

表 5 – 23　　　　　　　　　SEM 测量模型的路径参数估计

			Estimate	S. E.	C. R.	P
TF （Technology Factor）	<---	KF （Knowledge Factor）	0.236	0.098	2.252	0.009
VF （Value Factor）	<---	TF （Technology Factor）	0.569	0.127	4.483	***
VF （Value Factor）	<---	KF （Knowledge Factor）	0.747	0.241	3.015	0.028
ACR （Alliance Construction Result）	<---	TF （Technology Factor）	0.805	0.266	3.126	0.033
ACR （Alliance Construction Result）	<---	KF （Knowledge Factor）	0.782	0.253	3.008	0.029
ACR （Alliance Construction Result）	<---	VF （Value Factor）	0.591	0.135	2.378	0.031
K1	<---	KF	1.000			
K2	<---	KF	1.766	0.214	11.739	***
K3	<---	KF	1.235	0.203	6.178	***
K4	<---	KF	1.712	0.334	5.989	***
T1	<---	TF	1.000			
T2	<---	TF	0.985	0.199	4.587	***
T3	<---	TF	0.713	0.156	3.974	***
T4	<---	TF	1.104	0.110	9.225	***
V1	<---	VF	1.000			
V2	<---	VF	0.696	0.135	5.874	***
V3	<---	VF	1.103	0.108	8.617	***
R1	<---	ACR	1.000			
R2	<---	ACR	0.358	0.096	1.432	***
R3	<---	ACR	0.460	0.1001	2.356	***

　　从表 5 – 23 中的各项 SEM 测量模型的路径参数估计拟合结果来看，SEM 的整体拟合度符合要求。

　　综合以上对 SEM 的基本拟合度、整体拟合度、内在拟合度的分析，本书 SEM 测量模型的拟合度在可接受范围之内。

5.4.3 中介变量的检验

1. 中介变量检验的方法与思路

由于本书中的理论模型既包括了因果变量，也包括了中介变量，所以在对因果变量建立结构方程模型并做检验后，接下来对中介变量进行检验。根据第 4 章中建立的理论模型，中介变量有两个：KAVM 和 TAVM，KAVM 代表在知识因素与联盟构建之间起中介作用的价值因素（Knowledge and Alliance with Value Mediating），TAVM 在技术因素与联盟构建之间起中介作用的价值因素（Technology and Alliance with Value Mediating）。与前文一致的，知识因素（Knowledge Factors）简称为 KF，技术因素（Technology Factors）简称为 TF，价值因素（Value Factors）简称为 TF，专利实施战略联盟构建效果（Alliance Construction Result）简称 ACR。

由于专利实施战略联盟影响因素的理论模型中包含了作为中介变量的价值因素，即该模型既包括因果关系又包括中介关系，因此对模型的检验要采取相应的方法。巴罗和肯尼（1986）[1]，罗（2012）[2]，曹（2013）[3] 在过往研究中都论证了对于既包括因果关系又包括中介关系的模型的检验方式，要先检验因果关系模型，再对中介关系加以检验。基于他们提出的方法，结合本书的具体内容，分为三个步骤完成该检验：第一步，验证知识因素、技术因素和价值因素对专利实施战略联盟构建有显著影响，以及验证知识因素对技术因素、知识因素

---

① M Baron, A Kenny. The Moderator-mediator Variable Distinction in Social Psychological Research [J]. Journal of Personality and Social Psychological Research, 1986, 51（6）: 1173 – 1182.

② H Ro. Moderator and Mediator Effects in Hospitality Research [J]. International Journal of Hospitality Management, 2012, 31（3）: 952 – 961.

③ Y Cao, Y Xiang. The Impact of Knowledge Governance on Knowledge Sharing: the Mediating Role of Guanxi Effect [J]. Chinese Management Studies, 2013, 7（1）: 36 – 52.

和技术因素对价值因素有显著影响；第二步，当价值因素作为中介因素被添加到知识因素对联盟构建的影响作用中时，验证在有价值因素中介作用时影响更为显著，在加入价值因素之前则较弱；第三步，当价值因素作为中介因素被添加到技术因素对联盟构建的影响作用中时，验证在有价值因素中介作用时影响更为显著，在加入价值因素之前则较弱。由于之前的因果关系模型已经通过检验，即是说，已验证了知识因素和技术因素对专利实施战略联盟构建有显著影响、知识因素和技术因素对价值因素有显著影响、价值因素对专利实施战略联盟构建有显著影响，接下来检验价值因素在知识因素同联盟构建之间、技术因素同联盟构建之间的中介作用。

2. 检验描述

首先检验价值因素在知识因素与联盟构建之间的中介作用。构建价值因素在知识因素与联盟构建之间的中介作用模型，即价值因素调节作用模型1；运用 Amos20.0 软件将问卷量表中的数据处理后得到模型适配度结果（如图 5 – 3 所示）。其中，$\chi^2 = 121.658$，$df = 48$，$\chi^2/df = 2.535$，$RMSEA = 0.049$，$GFI = 0.971$，$CFI = 0.988$。这些结果符合检验要求，表明模型与样本数据适配。同时，知识因素对价值因素的路径标准化估计在 $P < 0.001$ 的显著水平下为 0.74，具有显著性；价值因素对联盟构建的路径标准化估计在 $P < 0.001$ 的显著水平下为0.59，具有显著性；知识因素对联盟构建的路径标准化估计在$P < 0.001$的显著水平下为 0.78，不具有显著性，因为显著指标是 $t = 1.960$。总体上，价值因素在知识因素与联盟构建之间的中介作用通过检验。

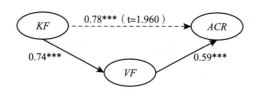

图 5 – 3　价值因素的中介作用模型 1

注：*** 表示显著性在 100 分之 0.1。

　　然后检验价值因素在技术因素与联盟构建之间的中介作用。构建价值因素在技术因素与联盟构建之间的中介作用模型，即价值因素调节作用模型 2；运用 Amos20. 0 软件将问卷量表中的数据处理后得到模型适配度结果（如图 5 − 4 所示）。其中，$\chi^2 = 130. 474$，$df = 51$，$\chi^2/df = 2. 558$，$RMSEA = 0. 052$，$GFI = 0. 996$，$CFI = 1. 012$。这些结果符合检验要求，表明模型与样本数据适配。同时，技术知识因素对价值因素的路径标准化估计在 $P < 0. 001$ 的显著水平下为 0. 57，具有显著性；价值因素对联盟构建的路径标准化估计在 $P < 0. 001$ 的显著水平下为 0. 60，具有显著性；技术因素对联盟构建的路径标准化估计在 $P < 0. 01$ 的显著水平下为 0. 51，具有显著性。总体上，价值因素在技术知识因素与联盟构建之间的中介作用通过检验。

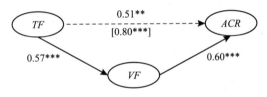

图 5 − 4　价值因素的中介作用模型 2

　　注：∗∗ 表示显著性在 100 分之 1，∗∗∗ 表示显著性在 100 分之 0. 1，［　］表示没有价值因素调节作用的路径标准化估计

3. 检验结果评价

　　对中介变量的检验表明，价值因素在知识因素与专利实施战略联盟构建之间起着中介作用，价值因素在技术因素与专利实施战略联盟构建之间起着中介作用。这要求在构建专利实施战略联盟时，要充分重视价值因素的中介作用。由于在理论模型构造和问卷量表的题项中，价值都界定为市场价值，则价值因素中介作用模型的检验结果说明要联盟要以市场价值为引导，放大知识因素、技术因素对联盟构建的正影响。

5.5　实证研究结论

通过一系列实证研究工作，包括：界定变量、设计测量指标、制作调查问卷；收集与整理数据，分析样本情况，运用 SPSS 统计软件做样本的描述性统计分析和信度效度分析；利用结构方程模型原理和 AMOS 软件对理论假设进行检验。最后，本书得到了实证研究结果，总结如表 5-24 所示。

表 5-24　　　　　　　　　　理论假设的实证研究结论

序号	理论假设	实证结论
1	知识因素与技术因素直接相关	成立
2	知识因素与价值因素直接相关	成立
3	技术因素与价值因素直接相关	成立
4	知识因素对专利实施战略联盟构建有积极影响	成立
5	技术因素对专利实施战略联盟构建有积极影响	成立
6	价值因素对专利实施战略联盟构建有积极影响	成立
7	价值因素在知识因素和联盟构建之间起着中介作用	成立
8	价值因素在技术因素和联盟构建之间起着中介作用	成立

各个理论假设得到了验证，其原因在于：一方面，理论假设的构建来源于对国内外相关文献的系统消化与吸收，提炼了符合实际又具有前瞻性的观点，同现实的专利实施创新实践活动较为一致；另一方面，在实证研究中的问卷量表设计阶段请了业界和学界专家进行了多次论证，然后对题项加以改进，对关键问题进行了细致说明，便于受访者对题项的理解，从而做出较为准确、实际的回答。当然，理论假设的成立并不意味模型的完美，但仍然启示着企业等创新主体在以战略联盟的合作方式创造、应用专利技术时要充分考虑知识、技术、价值等要素的内在有机联系和相互作用，提高专利实施效率。

5.6　本 章 小 结

本章对模型中的理论假设展开了实证分析。首先选择适宜的实证研究方法并以此为指导进行实证研究设计，包括界定变量、设计测量指标、制作调查问卷；然后收集与整理数据，分析样本情况，运用SPSS 统计软件做样本的描述性统计分析和信度效度分析；接着利用结构方程模型和 AMOS 软件对理论假设进行检验；最后得出实证研究的结果并阐释其意义。

具体的结论如下：

知识因素与技术因素直接相关。

知识因素与价值因素直接相关。

技术因素与价值因素直接相关。

知识因素对专利实施战略联盟构建有积极影响。

技术因素对专利实施战略联盟构建有积极影响。

价值因素对专利实施战略联盟构建有积极影响。

价值因素在知识因素和联盟构建之间起着中介作用。

价值因素在技术因素和联盟构建之间起着中介作用。

总体上，实证研究反映了专利实施战略联盟构建中知识、技术、价值因素的重要性。它们之间的相互作用表明，企业等创新主体在构建战略联盟的合作关系以推进专利实施时，都认识到开放式创新背景下合作专利实施需要知识、技术等创新要素的充分流动，并且要以市场价值为导向。接下来的研究需要进一步探讨专利实施战略联盟的运行机制，发挥联盟对专利实施的推动作用。

第 6 章

专利实施协同机制：基于战略性新兴产业的理论与案例*

专利实施战略联盟的构建是为了更好的促进以企业为主的创新组织通过合作关系提升专利实施水平，服务于产业转型升级的创新经济发展。因此，从理论联系现实的角度看，在联盟构建的基础上，应进一步探讨如何形成联盟组织良好的合作机制，以有利于扩大企业及产业的专利实施成果。一方面，专利实施战略联盟是多个组织参与的创新活动，协同机制构成了多个组织高效合作的重要基础；另一方面，战略性新兴产业是创新极为活跃的领域，创新组织间互动频繁，专利大量涌现，基于战略性新兴产业来研究专利实施协同机制既有理论意义也有现实意义。

6.1 战略性新兴产业与协同专利实施

国务院于 2010 年发布的《关于加快培育和发展战略性新兴产业的决定》提出：战略性新兴产业是以重大技术突破和重大发展需求

＊ 本章部分内容发表于：周全，顾新．战略性新兴产业中专利实施协同机制研究［J］．科学管理研究，2014，32（5）：48－50，70．

为基础，对经济社会全局和长远发展具有重大引领带动作用，知识技术密集、物质资源消耗少、成长潜力大、综合效益好的产业。由此可见，战略性新兴产业（以下简称新兴产业）具有国家战略的高度，从发展之初就应做好统筹安排工作，树立明确的战略目标，充分调动各方面资源，激发创新主体的最大潜能并通过协同的方式实现资源利用的放大效应。

新兴产业以科学、技术融合创新为基础，担负着引领产业升级和驱动市场发展的重任。如何有效地将科技创新所产生的专利技术加以实施，从而形成市场化、规模化的创新产品，这是我国新兴产业稳健成长面临的一个关键问题。然而，当前围绕新兴产业的研究多集中在概念框架、发展趋势、系统演进等方面[1][2][3]，少有对专利实施问题的探讨。针对这一空白，本章从协同理论视角出发，就新兴产业中各个组织合作专利实施的机制加以研究，从而为新兴产业科技成果的有效转化提供可行思路。

协同理论认为复杂系统中包含的多个子系统必然相互作用，推动创新系统从无序向有序演化，产生 1 + 1 + ⋯ + 1（第 N 个 1）> N 的效果。[4] 新兴产业本身是一个复杂的系统，因为新兴产业具有知识高度密集、技术快速演进的特征，完善的产业创新体系是发展新兴产业的重要支撑，新兴产业的创新主体并非某一特定组织，而是由多个子系统组织构成的复合体系，包括以技术创新功能为主的企业组织，以科学研究功能为主的学研组织，以政策引导功能为主的政府组织，以市场辅助功能为主的中介组织。各个组织之间只有通过深入互动与协

① 周绍东. 战略性新兴产业创新系统研究述评 [J]. 科学管理究，2012，30（4）：40－42，56.

② 薛澜，林泽梁，梁正，陈玲，周源，王玺 [J]. 世界战略性新兴产业的发展趋势对我国的启示 [J]. 中国软科学，2013（5）：18－26.

③ 吴绍波. 战略性新兴产业创新生态系统协同创新的治理机制研究 [J]. 中国科技论坛，2013（10）：5－9.

④ 赫尔曼·哈肯. 协同学——大自然构成的奥秘 [M]. 上海：世纪出版集团，2005：6－11.

作，进行资源的有机整合和最大化利用，才能充分实现科技创新与市场对接，从而快速地将科技创新成果商业化，达到专利实施的高效率，这就需要协同机制作用的发挥。

现实里，我国科技创新活动中专利实施水平较低，专利"沉睡"现象严重，70%以上的专利为没有得到转化和实施的无效专利①，造成专利成果难以转变为实际生产力。如何将专利加以有效的实施，让专利起到切实推动创新的作用，是一个具有很强实践意义且极富挑战性的问题。袁木棋等（2007）提出高校专利成果众多但实施率低，应加强高校专利战略研究，提高专利技术营销管理水平。② 王黎萤和陈劲（2009）通过实证研究发现市场经济体制发展、企业综合运用专利能力等方面是影响专利实施的主要因素。③ 石陆仁（2010）认为要将专利成果，尤其是基础研究产生的专利成果，与还看不到市场需求的产品相结合，充满了高度的不确定。④ 张宇青（2013）强调在专利产生、使用的过程中，涉及高校与科研院所、企业、科技中介与政府等利益主体，他们之间的利益错位与目标协同度下降是造成"睡眠专利"的根本原因。⑤综观以上研究可以看出，参与专利实施的主体是多元化的，每个主体既需要发挥自身的功能，又需要协作起来推动专利实施。不难推断，对专利大量涌现的新兴产业而言，协同机制是促进专利有效实施的必要条件。

---

①⑤　张宇青. 我国"专利沉睡"之困与治理研究 [J]. 科学管理研究，2013，31（4）：49 – 52.

②　袁木棋，蒋来，曹耀艳，袁莹. 高校专利战略模式构建与实施对策探讨 [J]. 研究与发展管理，2007，19（6）：129 – 133.

③　王黎萤，陈劲. 企业专利实施现状及影响因素分析——基于浙江的实证研究[J]. 科学学与科学技术管理，2009（12）：148 – 153.

④　石陆仁. 专利商业化路径探讨 [J]. 中国发明与专利，2010（4）：87 – 89.

6.2　新兴产业中的专利实施协同机制

由于创新主体的功能定位不同、组织目标差异，要实现专利顺利实施，更需要企业、大学、研究机构、政府、中介机构等创新主体在目标、资源、激励等重要方面建立良好的协同机制，以保证知识技术成果有效转化为市场成果，具体从以下三个层面展开分析。

6.2.1　目标协同机制

对新兴产业的专利实施活动来说，企业、大学、研究院所、政府部门、中介机构有着各自的目标——企业想要获得更高的利润及市场竞争力，大学和研究院所希望推动科学研究并得到科研费用支持，中央政府和地方政府追求国家创新能力和区域创新实力的提升，中介机构意图借此得到经济或社会利益。他们要合作开展专利实施这样的创新活动，首要任务就是目标协调一致。实践中，为了克服组织目标差异给合作创新造成的困难，混合组织的形式逐渐出现、发展，例如高新技术产业开发区、大学科技园区等。理论上，混合组织学说日趋完善，并为专利实施活动中组织目标的协同提供了依据。

鲍里斯和杰米森（Borys and Jemison，1989）研究认为，混合组织（Hybrid Organization）是多个现有组织资源运用和治理结构的安排，组织所属环境和领域的不同使得他们常常难以获得共同的目标，但他们彼此的目标能够通过价值创造加以有机协调。① 产、学、研、政、介等组织可以形成一种混合组织式的专利实施合作机制，如建立新能源、新材料、高端装备制造等新兴产业园，并将各自目标统一到

---

①　B Borys，D Jemison. Hybrid Arrangements as Strategic Alliances：Theoretical Issues in Organizational Combinations［J］. Academy of Management Review，1989，14（2）：234－249.

共同价值创造目标之下。价值创造意味着他们通过协作努力来实现专利实施的经济效益和社会效益最大化，这需要综合各方优势能力以克服专利实施过程脱节的难题。因为专利技术在研发和转化为商品的过程中往往历经多个环节，包括实施前阶段、市场进入阶段和大规模生产阶段①，如果上述组织仅围绕各自的目标行动，势必导致专利实施环节无法一体化，严重影响专利实施效率。而在价值创造导向下，各组织围绕专利实施经济效益和社会效益最大化目标，结成伙伴式的和谐共生关系，安排合理的治理结构，在专利实施过程中实现大学的科研成果与企业的技术创新需要相对接，企业的科技创新与市场的需求信号相呼应，企业的专利产品与政府的产业导向相一致，从而获得目标协同所产生的多赢效果。

　　由混合组织理论所构建的目标协同机制本质上是一种组织间的合作机制。查大德（Chaddad，2012）的研究表明在合作经济视角下，混合组织综合了市场制和层级制的属性，有利于组织发挥合力作用。② 广义上的专利实施既是技术创新的过程，也是技术商业化的过程，企业、市场中介等经济组织与学研机构、政府部门等公共服务组织形成的混合组织在价值创造的共同目标下才能发挥最大的合力推动专利实施。据此，混合组织不会单一依靠市场交易力量或层级组织结构力量，而是将组织行为纳入到谋求合作价值最优化的目标约束中，从而减少专利实施的交易成本和层级结构的损耗。进一步的，尽管混合组织在合作导向下趋于形成价值创造的目标，但由于其中的个体组织的异质性客观存在，他们的目标协同并非天然产生，还需要一定的辅助机制，那就是组织认同（Organizational Identity）。组织认同是参与混合组织的各个个体组织通过创造共同的组织识别而在他们的合作

　　① Dagnino, Padula. Coopetition Strategy: A New Kind of Interfirm Dynamics for Value Creation [C]. Stockholm: The European Academy of Management Second Annual Conference-Innovative Research in Management, May 2002, 9–11.

　　② F Chaddad. Advancing The Theory of the Cooperative Organization: the Cooperative as a True Hybrid [J]. Annals of Public and Cooperative Economics, 2012, 83 (4): 445–461.

逻辑中获得平衡点，使得合作压力减缓，利于混合组织的建立与发展。① 组织认同开启、强化了混合组织成员的价值共识，促进单一组织目标与共同价值创造目标相协同，使得产、学、研、政、介组织充分意识到彼此间的目标并不冲突，而是可以有机融合，推动专利实施中的知识创新、技术研发、产品制造、市场开拓、产业升级诸环节协调一致，谋求整体利益最大化。

6.2.2 资源协同机制

混合组织机制下产、学、研、政、介组织的目标协同一旦达成，紧接着的关键问题是如何整合各组织的资源来提高专利实施的效率，这就要求建立良好的资源协同机制。已有研究表明专利实施活动实质上是专利商业化的过程。因此，相关组织需要协调、集成各自的优势资源，将专利转化为市场所需的创新产品。并且，新兴产业本身具有技术和市场的双重不确定性，不同类型资源的相互依赖和协同显得尤为重要。② 这些资源包括知识、技术、信息、政策、人力、资金等要素，并在不同组织中的分布重点各不相同。大学的科学知识资源储备最为丰富，研究院所的基础技术资源较多，企业的应用技术资源积累更为厚实，中介机构的信息资源、资金资源是其所长，而政府部门具有丰富的政策资源。从三螺旋机制角度看，各种资源通过组织间的持续互动、彼此合作而实现协同，螺旋式的促进专利实施。

三螺旋（Triple Helix）机制主张企业、大学和政府同时作为创新

---

① J Battilana, S Dorado. Building Sustainable Hybrid Organizations：The Case of Commercial Microfinance Organizations［J］. Academy of Management Journal, 2010, 53（6）：1419 – 1440.

② 周绍东. 战略性新兴产业创新系统研究述评［J］. 科学管理究, 2012, 30（4）：40 – 42, 56.

主体，通过横向的相互作用加快创新进程。① 该机制反映出现代创新系统中产学官组织间的资源要素协同作用。随着实践的发展，又有学者提出四螺旋机制对三螺旋机制进行了拓展，认为其他社会组织是创新系统中的第四种力量。② 其实无论三螺旋还是四螺旋，二者均强调创新活动要突破创新主体的边界阻隔，实现资源的快速流动与深度融合，从而产生强有力的协同效应。新兴产业中的专利实施是一种典型创新活动，产、学、研、政、介组织共同构成了创新生态系统，他们通过开放组织边界、再造组织结构、加强创新要素流动，达成专利实施资源协同的目标。

具体而言，资源协同机制的形成主要依靠三螺旋理论中的自反机制。雷德斯多夫和埃茨科威兹（Leydesdorff and Etzkowitz，1996）的研究表明螺旋系统中的所有主体在环境约束条件变化时，都能适当的开放组织边界和转换组织功能（即自反机制），随机调整自身位置以获得资源协调运用所带来的最大效应。③ 在新兴产业中，产、学、研、政、介等主体通过相互作用构成螺旋系统，并且面临着知识密集程度高、技术创新速度快、转型升级责任重等约束条件，利用自反机制提升专利实施水平实际上就是要使上述组织的边界更具开放性、资源更有流动性、功能更多灵活性，在不同阶段一个主体可以替代另一个主体作为主螺旋线发挥核心驱动力，即成为协同创新中的序参数。例如，传统上大学主要以纯学术研究为使命，知识创造及其专利成果往往与市场需求脱节，这通常是由于没有将其研究资源与企业的技术、资金资源、政府的政策资源、中介的信息资源有机协调运用造成的。而在新兴产业发展的初期阶段，为提升专利的开发水平和市场价

① 邹波，郭峰，王晓红，张巍. 三螺旋协同创新的机制与路径 [J]. 自然辩证法研究，2013，29（7）：49–54.

② A Marcovich，T Shinn. From the Triple Helix to a Quadruple Helix? The Case of Dip-Pen Nanolithography [J]. Minerva，2011，49（2）：175–190.

③ L Leydesdorff，H Etzkowitz. Emergence of a Triple Helix of University-Industry–Government Relations [J]. Science and Public Policy，1996，23（5）：279–286.

值，大学可以推翻禁锢资源流动的围墙，围绕产业创新目标与其他组织进行资源的优化组合——获取政府的有利政策支持、吸收企业的技术和资金力量、利用中介信息作为专利开发的市场导向，同时提供他们所需的各类知识。各种资源在大学和伙伴组织间的双向流动过程中得到最佳配置，有力促进专利发明商业化。① 此时，传统大学转变为创业型大学，成为具有主导功能的序参数，在资源协同中居于中心地位。当然，在新兴产业发展的不同阶段，企业、政府等主体可能会以其组织特征、资源优势取代大学在资源协同中的核心作用，但无论如何，自反机制都是资源协同的基础。

6.2.3　激励协同机制

为促进新兴产业创新主体在专利实施中的资源互补共享，有必要建立激励协同机制以激发各主体的合作创新意愿及能力。新兴产业是一个创新生态系统，合作各方冲突源于彼此间利益诉求的差异，新兴产业要健康地发展，就必须保证各方的利益②，否则各方会因为达不到自己的利益目标而丧失资源协同的动力。同时，专利实施是从专利成果向商品的"惊险一跳"，面临着市场失灵的风险，各个主体如何协调风险也会影响到他们合作利用资源的积极性。所以，激励协同机制主要包括利益协同机制和风险协同机制。

利益协同机制本质上是要保障各创新主体在专利实施活动中协调发挥自身功能而取得合作收益。由于新兴产业中产、学、研、政、介组织形成了网络化合作关系，组织间利益关系协调就对激励效果起着关键作用。梅德林等（Medlin et al.，2005）构建起一个合作利益模

---

① 埃茨科威兹. 创业型大学与创新的三螺旋模型 [J]. 科学学研究，2009，27（4）：481 – 488.
② 吴绍波. 战略性新兴产业创新生态系统协同创新的治理机制研究 [J]. 中国科技论坛，2013（10）：5 – 9.

型并进行了实证研究，结果表明源自利益的激励可以分为三个层面：一是组织层面的个体利益，二是组织间互动形成的关系利益，三是组织网络关系带来的整体利益。[①] 根据该模型的思路，尽管产、学、研、政、介受到个体利益的驱动，但专利实施活动过程的组织交互活动必然产生相互之间的关系利益，并由多重互动形成网络化的利益关系。因此，他们之间利益协同的目标是将个体利益整合为集体利益，途径是通过建立沟通机制、承诺机制、角色一体化机制等复合机制打造利益共同体，获取良好的关系收益，实现共同价值创造并各得其所。例如，纳米技术作为新兴产业中新材料的重要前沿领域，一直很受关注并已涌现出多项专利，但得到实施应用的却不多，主要原因是个体组织出于利益考量，难以投入大量资源将专利成果转化为符合市场需求的产品。而富士康科技集团近年来投资展开了与清华大学在纳米科技领域的长期合作，并争取国家纳米产业政策的支持，同时联盟外部管理咨询公司收纳最新的市场动态信息，挖掘实施纳米专利技术的商业价值，使清华大学的科学研究成果得到资金支持，企业获得新型纳米产品的市场利润，政府依靠新材料产业发展推动了创新经济，咨询公司也有作为信息中介的收益。

风险协同机制是为了应对专利实施中技术市场和组织合作的不确定性。一方面，由于专利技术本身不够成熟或新兴产业市场还未完全形成，要将专利成果与还不充分的市场需求对接，充满了高度的不确定；另一方面，组织间合作也可能因为机会主义产生"搭便车"行为，潜在的损害合作伙伴的利益。这两种风险造成组织间缺乏相互信任，进而导致信息、知识、技术等要素难以合理流动和有效配置。反之，信任的缺失使得各个组织不愿共同面对市场的不确定性，更倾向于采取机会主义行为，从而加大了风险。[②] 所以，建立互信机制是风

---

① C Medlin, J Aurifeilleb, P Quester. A Collaborative Interest model of Relational Coordination and Empirical Results [J]. Journal of Business Research, 2005, 58 (2): 214-222.

② 顾新. 知识链管理 [M]. 成都：四川大学出版社, 2008: 213-225.

险协同机制的核心部分。产、学、研、政、介组织在合作实施专利时，形成互信机制的途径为加强彼此之间的交流与沟通，确保合作程序公平，培养一致的合作文化，由此建立良性的信任循环，激励各个组织采取相互信任的行为，克服不确定性和机会主义带来的风险。

6.3　O－R－M 协同机制架构

基于以上分析，新兴产业中专利实施的协同机制包括目标协同、资源协同、激励协同三个主要部分，分别从目标（Objective）、资源（Resource）、激励（Motivation）角度促进组织合作进行专利实施活动，同时三者又有机联系，相辅相成，共同组成 O－R－M 协同机制架构（见图6－1）。

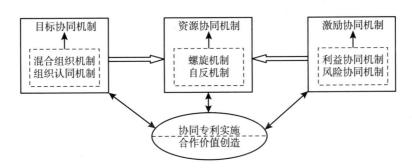

图6－1　O－R－M 协同机制架构

在此架构中，资源协同机制居于中心地位，因为新兴产业专利实施效率的高低根本上取决于产、学、研、政、介等创新主体能否开放组织边界、进行深入互动、加强资源协调利用；其实现的子机制为螺旋机制及自反机制。目标协同机制和激励协同机制都服务于资源协同机制：目标协同机制为各创新主体差异化的组织目标提供一致化的路径，通过混合组织机制和组织认同机制两个子机制形成共同的价值创造目标，引导协同专利实施活动；激励协同机制从利益共享和风险分担两个方面对组织协调利用资源起到催化作用，增强资源协同的动力。总体上，协同机制使异质组织在合作过程中形成联盟关系，专利实施效率得以提高，创造出良好的市场价值。

6.4 专利实施协同机制的案例分析

通过理论研究而构建的 O – R – M 协同机制架构需要得到进一步的实证检验，这里采用案例分析方法来实现这一目的。在当今的经济管理学界，案例研究已成为了一种主要的实证研究方法，该方法将真实的情景及其发展过程与归纳思考有机结合，对于研究各种组织战略动态问题相当有效。① 新兴产业中各个组织通过以协同方式进行专利实施，组织间形成了战略联盟式的合作关系，这非常适合用案例研究方法加以研究。以下先阐述本书选择的具体案例研究范式，再说明案例调研过程，然后深入分析两个典型案例，最后加以比较、总结，从而验证之前提出的专利实施协同机制理论；同时，在案例剖析过程中探索新的理论发现。

6.4.1 案例研究方法说明

1. 基本方法选择

作为一种常用的定性研究方式，案例研究方法（Case Study Approach）适合于对现实中具体而复杂的问题进行全面、深入的考察，透过现象的描述和分析，检验理论假设、刻画企业实践活动、建立新的理论或提出评价性的看法，由此形成了解释性案例研究、描述性案

① 毛基业，张霞. 案例研究方法的规范性及现状评估 [J]. 管理世界，2008 (4)：115 – 121.

例研究、探索性案例研究和评价性案例研究等方法。① 从已有案例研究方法运用来看，解释性案例研究和探索性案例研究使用得最为广泛，前者偏向于案例中某些变量对另一些变量的作用的解释或对提出的理论加以验证（Theory - Testing），后者偏向于提出新的理论观点（Theory - Seeking）。

由于本书通过理论分析提出了 O - R - M 的专利实施协同机制，需要用案例来解释该理论在组织合作专利实施实践活动中的体现，阐明目标协同机制、资源协同机制、激励协同机制等变量对专利实施这一变量的作用，所以使用解释性案例研究方法是适宜的。同时，在案例调研、资料分析过程中，又发现了构建新理论的线索，据此产生新的观点，这还适合于探索性案例研究方法。因此，解释性案例研究方法和探索性案例研究方法可以并用，二者互为补益，以求获得更为深入的案例研究效果。

2. 案例研究步骤

对于案例研究应遵循什么样的逻辑步骤，学界有不同的观点。有学者认为案例研究要先搭建理论基础，再选择合适的案例对象，接下来就是收集和分析数据，最后检验结果并书写研究报告。② 还有学者认为案例研究包括如下阶段：（1）明确问题→（2）选择案例→（3）设计方法→（4）收集数据→（5）分析数据→（6）得出研究假设→（7）案例间或文献间的比较分析→（8）产生研究报告。③ 综合这些学者的观点，本书采用的案例研究步骤分为六步：第一步，根据理论构建和研究目标确定案例研究的对象；第二步，围绕案例研究内容广泛的收集相关资料或数据；第三步，对获得的资料及数据深入分析，

① 姚威，陈劲. 产学研合作创新的知识创造过程研究 [M]. 浙江：浙江大学出版社，2010：79 - 80.

② 孙海法，朱莹楚. 案例研究法的理论与应用 [J]. 科学管理研究，2004，22（1）：116 - 120.

③ K Eisenhardt. Building Theories from Case Study Research [J]. Academy of Management Review, 1989, 14（4）：532 - 550.

发现它们之间的联系；第四步，由案例分析结果对先前的理论进行验证性评价；第五步，探讨在之前工作基础上能否得出新的理论观点；第六步，作案例调研总结得出案例研究的启示。

3. 双案例研究范式

围绕上述各个步骤的案例研究在进行之初还必须明确一个问题——采取单案例的研究方式还是多案例的研究方式。从实际应用来看，这两种方式各有其针对性。单案例研究着眼于某一个具有很强独特性甚至是极端的案例，由此来构建新的理论或挑战现有的理论。[①] 单案例研究往往能对个案做非常深入的剖析并得出新颖的结论，但案例的特殊性使得结论的普遍适用性受到质疑。多案例研究通常包含案例内分析（Within Case Analysis）和案例间分析（Cross Case Analysis）两个部分，即先以单个案例为对象进行分析，再通过归纳、比较的方式将各个单案集中在一起交叉分析，从而得出更加有说服力的整体结论。总体而言，单案例分析不如多案例分析全面，它通常抓住个别性的问题，但分析深入程度高；而多案例分析系统化的提供证据来支持研究结论，使得结论更为有力，从而提高了案例研究有效性。

基于单案例和多案例分析的特点，结合本章的研究目标及思路，本书采用双案例研究的方式，选取新兴产业中在专利实施方面有特色的两个典型企业为案例调研对象，既分别分析两个企业各自在专利实施中的协同运作方式，又比较他们之间的异同并推导和总结具有启发意义的结论，进而探索新的理论思路。双案例研究范式的优点是：在透析两个调研对象内在的错综复杂现象的同时，通过对比分析，能更好地发现实证调查与理论构建的匹配程度；这也被称之为"模式匹配"分析策略，即基于双案例的重复情景和差别情景发现两种模式

---

① R Yin. Discovering the Future of the Case Study Method in Evaluation Research [J]. Evaluation Practice，1994，15（3）：283–290.

之间的一致性，从而确定案例研究结论的有效程度。① 正是因为案例研究中变量间的因果关系通过特定的情景体现出来，没有具体情景就很难将理论与实际对接②；而个案对与理论相关的情景的可重复性反映不足，所以通过双案例能较好的可重复的呈现实践与理论之间的有机联系，使得案例研究的结论更为可信。

6.4.2 调研过程阐述

1. 确定调研对象

本书选择战略性新兴产业中的新能源汽车企业作为案例研究对象，从双案例研究的基本要求出发，以两个企业为调研目标：一个是重庆长安新能源汽车有限公司，另一个是郑州宇通客车股份有限公司。国家统计局发布的《战略性新兴产业分类（2012）》包括节能环保产业、新一代信息技术产业、生物产业、新能源汽车产业、高端装备制造产业、新能源产业、新材料产业等，长安新能源轿车和宇通新能源客车都属于新兴产业中的新能源汽车产业，便于做同一产业内的比较分析；同时，长安新能源汽车主要面向消费者市场，宇通新能源客车主要面向组织用户市场，二者在目标市场、主营业务、合作创新方式等方面存在着差异，具有各自的专利实施协同机制特色，这有利于研究其个性化的创新方式，从而开发新的理论构念。总体上，这两家公司所处的行业和基本特征符合本章案例研究的主题。

此外，选择这两个企业作为调研样本，具有案例研究所要求的典型性和可行性。一方面，从前期二手资料收集、整理以及同样本企业的初步沟通结果来看，长安新能源汽车有限公司和宇通客车股份有限

---

① 李彬，王凤彬，秦宇. 动态能力如何影响组织操作常规？——一项双案例比较研究 [J]. 管理世界，2013（8）：136 – 153.

② C Welch, P Rebecca, P Emmanuella. Theorising from Case Studies: Towards a Pluralist Future for International Business Research [J]. Journal of International Business Studies, 2011, 42（5）：740 – 762.

公司都在合作创新方面有着长期的实践：长安新能源汽车有限公司自2008年6月成立以来，主要业务涵盖新能源汽车及动力系统相关零部件研发和制造、营销服务等方面，通过产业整合、资源吸纳等协作方式，不断推进新能源汽车相关专利技术研发，加快科研成果产业化；宇通客车股份有限公司近年来的新能源客车战略业务单位（Strategic Business Unit，SBU）发展迅速，外部合作与自主研发同步进行，在专利的开发与运用上积极实现从"请进来"到"走出去"的转型，与多个大学及研究机构、产业链上下游伙伴、创新服务机构建立紧密的协同创新关系，加速新能源汽车业务规模扩大，2011年7月宇通客车节能与新能源基地启动，使得新能源客车专利技术产业化又上台阶。毫无疑问，这两家公司的专利创新活动与本研究目标非常契合，符合艾森哈特（Eisenhardt，1991）提出的案例抽样准则①，具备案例研究的典型性。另一方面，由于本书就调研事宜提前跟这两个企业的相关部门取得联系，得到对方的同意和支持，以他们为调研对象能够进行良好的沟通，从而实施案例研究计划，获得确切的数据、资料，所以调研工作具有很好的可行性。

2. 展开调研环节

案例研究的开展主要围绕以下几个环节：

（1）围绕调研访谈提纲进行专家访谈、文档资料收集、网络资源获取。专家访谈分为两个部分：一是新能源汽车业界专业人士，二是学界从事创新管理和战略管理研究的学者。对长安汽车、宇通汽车等业界专业人士的初步访谈让本书获取了新能源汽车专利研发的基本现状，对重庆大学汽车工程学院、重庆理工大学知识产权学院、车辆工程学院等学界人士的访谈结果深化了对新能源汽车产业领域中战略性协同创新动态的认识，对四川大学创新与创业管理研究所的研究人员就合作创新理论前沿进行访谈，将几者结合起来就形成现实性和理

---

① K Eisenhardt. Better Stories and Better Constructs：The Case for Rigor and Comparative Logic［J］. Academy of Management Review，1991，12（3）：620 – 627.

论性都具备的案例调研访谈结果纪要。此外，为了进一步丰富案例材料，本书又通过高校图书馆收集来自报纸、杂志、著作等公开文档资料，还充分利用网络搜索、查询与案例相关的各种数字资源，增加了案例研究内容的厚度。

（2）利用电子邮件、电话、QQ 交谈等方式进一步推进调研。一方面是在整理专家访谈、文档资料、网络资源基础上发现已有调研成果中的不足和尚待厘清的问题，通过上述方式与之前访谈过的专家做跟进交流，从而将一些模糊的问题清晰化并弥补不够齐全的信息；有时为了排除案例中的难点，还与个别专家在 QQ 会话平台上进行多次讨论。另一方面是对一些专业机构展开咨询，如跟中国产学研合作促进会（CIUR）的工作机构取得联系，先通过与其下设的产学研协同创新联盟工作办公室电话交流，说明本书研究的目标、意义及调研意图，取得他们的认同与支持，进而建立电子邮件的互动联系，从协同创新角度收集他们对新能源汽车产业中各组织合作专利实施的意见。由于中国产学研合作促进会致力于搭建产学研政用协同创新共享服务平台，构建以企业为主体、市场为导向、产学研相结合的技术创新体系，促进产学研政用的紧密结合，与本书的研究主题非常一致；并且他们在探索合作创新的新模式和新途径方面积累了大量的实例经验，故而能为本书的深入案例分析提供中肯而宝贵的意见，优化了本案例研究的思路。

（3）对调研样本企业的管理人员、科技人员开展多次半结构式访谈（Semi - Structured Interviews）。之所以在访谈研究方法中选用半结构式访谈，是因为该方法既具有规范性又具有灵活性：规范性在于半结构式访谈在访谈对象的选择、询问问题的准备等方面都有基本要求，要符合访谈提纲要旨；灵活性在于访谈者的提问顺序及方式、受访者的回答方式、访谈的特定时间地点及记录方式等均可以根据具体情况进行随机安排。为了达到良好的访谈效果，本书按照半结构式访谈模式在以下几方面做了细致工作：一是精心联系访谈对象，约请了受访的两家样本企业共 12 位高层管理人员及中层管理人员参与访谈，其中副总经理 2 位，科技项目部副部长 1 位、项目主任 2 位，知识产权办主任 1 位、副主任 1 位，工程技术研究中心主管人员 3 位，品牌管理部部长 1 位，运营管理部副部长 1 位。二是结合先前对新兴产业中组织协同专利实施的理论分析、案例二手资料的收集和初步访谈结果，确定了半结构式访谈中的关键问题及其含义，如表 6 - 1 所示，为通过深入访谈获得案例翔实资料打下坚实基础。

表 6 - 1　　　　　　　半结构式访谈关键问题及其含义特征

关键问题	问题含义特征
是否实现目标协同中的组织融合	企业等组织为了有效开展合作专利实施而通过组织结构的交融、整合（如混合组织形式）达成目标协同
是否达到目标协同中的组织认同	参与合作专利实施的各个组织通过共同的组织识别而创造价值共识，形成趋于一致的合作创新目标
如何整合不同的组织资源	相关组织需要协调、集成各自的优势资源，将专利转化为市场所需的创新产品
是否运用螺旋机制促进资源协同	创新主体打破边界阻隔，增强横向互动，从而实现资源的快速流动与深度融合，产生强有力的协同效应
如何建立利益协同机制推动专利实施	专利实施合作组织通过建立沟通机制、承诺机制、角色一体化机制等复合机制，将个体利益整合为集体利益，打造利益共同体
如何形成具有激励作用的互信机制	相关组织建立良性的信任循环，激励各个组织采取相互信任的行为，克服不确定性和机会主义带来的风险

6.4.3　案例分析与比较研究

在前期案例调研的基础上，本书获得了丰富而翔实的案例资料和数据，接下来按照双案例研究的方法步骤，先做案例内研究，即分别分析重庆长安新能源汽车和郑州宇通新能源客车各自的专利实施协同机制；再做案例间的比较研究，即对比分析它们在协同专利实施实践上的特点，归纳总结出企业与其他组织以战略联盟方式推动专利实施协同机制发展并构建合作创新的生态系统。

1. 长安新能源汽车公司的协同专利实施案例①

（1）长安新能源汽车协同专利实施背景。

随着我国经济的快速发展，汽车产业已成为我国的支柱性产业之一，市场需求旺盛。但同时，我国面临着环境污染日益加剧、石油等传统能源危机凸显、产业亟待转型升级的现实问题。新能源汽车因此被纳入到国家发展战略布局之中，成为新兴产业中的一个重要组成部分。长安汽车是国内大型的汽车研发、生产和销售企业之一，具有深厚的行业积累和实力，然而新能源汽车与传统汽车相比有着诸多技术创新挑战，这对长安汽车既带来与丰田、大众、福特、现代等全球知名汽车品牌同一起跑线竞赛的机会，也面临着如何快速研发和使用新能源汽车专利技术，以获得竞争优势。

长安新能源汽车公司成立于 2008 年 6 月，主营业务为新能源汽车及动力系统相关零部件研发和制造、营销服务等。以国家发展新能源汽车的重大战略方针为指导，将企业战略使命和责任定位于发展节能环保汽车、开发新能源汽车。为了成为新能源汽车核心技术研发的领先者和关键动力系统部件大规模集成制造商，长安新能源汽车公司以自主创新为基础，并深刻认识到要在创新中获得并应用最新专利技术就必须开展协同创新，并在实践中建立起协同创新的体系。

（2）长安新能源汽车的协同专利实施体系。

长安新能源汽车公司坚持走协同创新的道路，在专利研发实施方面，该公司形成了开放的协同体系，开拓"政、产、学、研、用"相结合的协同专利实施路径，不断取得共赢的创新成果。开放的协同专利实施体系帮助长安新能源汽车获得了政府支持，形成了产业联盟，广泛的与大学结盟，有效地利用了外部研发力量，整合合作伙伴资源更好的开发市场。这种合作体系可以概括为"五位一体"的协

---

① 资料、数据来源于长安汽车官网及笔者调研。

同专利实施体系（见图6-2）。

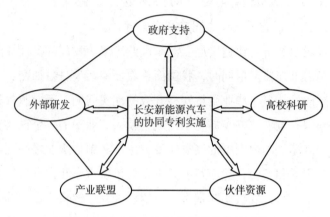

图6-2 "五位一体"的协同专利实施体系

从系统的视角来看，在长安新能源汽车的"五位一体"协同专利实施体系中，科技创新是专利实施的起点，技术研发是专利实施的支点，新型专利技术的运用从而满足市场需求、创造市场价值是专利实施的出发点和落脚点。因为新能源汽车属于战略性新兴产业，需要知识和技术的创造性突破，并且消费者对新能源轿车这样的创新性产品有个了解、熟悉和接受的过程，市场具有不确定性，加之国内外汽车制造商巨头们在该其领域展开激烈竞争，所以只有围绕市场发展趋势进行快速的知识创造、技术创新，由此形成并采用最新专利技术制造的产品，才能创造市场价值，获得竞争优势。而长安新能源汽车公司正是为了适应市场挑战，积极从知识、技术等资源上与外部组织合作并形成联盟关系，以协同开展新能源汽车领域的专利实施。其"五位一体"协同体系中的五种主要协同关系如下：

其一，政府部门与长安新能源汽车公司之间的协同。由于新能源汽车中的核心技术——动力系统技术、电池系统集成与控制当中包含了一系列的技术难点，每一个技术难点都涉及专利技术开发、应用，需要投入巨大的力量，仅凭借一个企业自身的力量很难完成这些专利技术的研发与实施。于是长安新能源汽车公司寻求国家和地方政府部门的支持，在科技攻关上获得协同力量，通过国家及地方相关政府部门的支持项目来推进专利技术开发和应用。其中，来自国家科学技术部的"863"项目16项，包括"下一代高性能纯电动轿车动力系统技术平台开发"、"长安混合动力汽车大规模产业化产品技术开发"、"长安全新结构小型纯电动车研发"、"长安中度混合动力轿车产业化技术攻关"等项目；来自国家工业和信息化部的"新能源汽车电子控制系统研发与产业化"等项目；来自北京市科学技术委员会的"基于高效动力系统集成技术的纯电动邮政车开发"等项目；来自重庆市科学技术委员会的项目7项，包括"长安混合动力汽车技术及产业化"，"高功率锂离子动力电池系统研发及产业化"等项目；来自重庆市经济和信息化委员会的"混合动力锂离子电池管理系统研发及产业化"等项目。这些项目既提供了相关专利技术研发与应用的资金资源，又整合了电池、电机、动力系统等专业研究团队的人力资源，有力地促进了长安新能源汽车公司的专利开发与实施。

其二，高校科研力量与长安新能源汽车公司之间的协同。长安新能源汽车公司秉承了其所属的长安汽车集团的产学研合作创新基因，借助高校的科研力量推动专利实施。长安汽车集团与北京理工大学、上海交通大学、重庆大学、吉林大学、同济大学、湖南大学等六所高校结成战略联盟，组建长安—高校工程研究中心，形成深度联盟合作模式，而非短期的碎片化的合作方式，在进排气系统、自动变速器匹配等方面的创新能力跃居国内同行前列；并与清华大学共同打造"智能交通与主动安全"项目，合作开发的前撞预警、自适应巡航、车道偏离报警等三项专利技术应用于新车型当中，取得良好的市场反响。作为长安汽车集团的子公司，长安新能源汽车也与高校科研部门协作起来进行专利技术的研发与应用，先后与清华大学、重庆大学、北京航空航天大学、北京理工大学、重庆邮电大学、重庆理工大学、重庆通信学院等高校建立产学研合作联盟，多方位的进行联合科学项目研究，发挥不同高校在汽车工程、新能源开发、动力系统、环境工程、电池试验、自动化系统、软件系统等领域的学科优势，充分吸收他们的科学研究成果和创新知识，助推新能源汽车系统中的各项专利技术创造与应用。

其三，外部研发资源与长安新能源汽车公司之间的协同。长安新能源汽车在整车研发上依托内部的长安汽车工程研究院，而在各个具体的专利技术项目上则积极寻求和利用外部的研发资源，包括国外的科技和研发服务机构，如欧洲的 AVL（奥地利李斯特内燃机及测试设备公司，AVL List GmbH）、FEV（德国 FEV 发动机技术有限公司）、Lotus（英国莲花汽车公司）、EDAG（德国爱达克汽车服务设计公司）、TNO（荷兰 TNO 应用科学服务组织），还有日本荻原（OGIHARA）专业模具公司，美国阿岗实验室（ANL）等；也有国内的研究机构如天津中国汽研院、中国汽车研究院股份有限公司等。他们为长安新能源汽车的专利项目提供多学科的应用研究和咨询服务，极大地增强了其围绕市场需求趋势来创造和积累新知识并投入到专利技术中进而转化为产品竞争优势的能力。

其四，供应链伙伴与长安新能源汽车公司之间的协同。由于新能源汽车的核心部分——动力电池、电子控制系统、储能材料等方面的专业性很强，靠企业自身研发生产很难满足企业对新技术的需求，长安新能源汽车寻求供应链伙伴的协同力量来获得汽车整车的技术集成。其中，韩国 LGC 公司（LG Chemical Ltd.）为长安汽车供应车用锂电池，该公司为韩国最大的锂电池研发、生产企业，提供混合动力车、电动车的车载动力电池产品；重庆金美公司的强项是汽车电子控制系统生产，为长安公司配套高性能电子控制系统；湖南科力远新能源股份有限公司在先进储能材料上具有很强的研发制造能力，能提供连续化带状泡沫镍、高性能准三维冲孔镀镍钢带等新型电池材料。在综合调度和动态管理这些供应链伙伴的新技术产品基础上，长安新能源汽车进一步进行集成专利技术研发和应用，在电池管理系统匹配、热管理设计、电池系统可靠性试验等技术难题上取得了突破，由此所形成的专利技术得到了产业化。

其五，产业联盟组织间的协同。长安新能源汽车加入到央企电动汽车产业联盟、T10 电动汽车协会、重庆市新能源汽车产业联盟等产业组织联盟中，充分利用联盟的协调和联动力量，放大协同创新效应。央企电动汽车产业联盟由国务院国资委牵头成立，下设整车及电驱动专业委员会、电池专业委员会、充电及服务专业委员会；长安新能源汽车公司属于整车及电驱动专业委员会，在该联盟中与其他组织根据各自优势、整合有益资源，吸收和贯彻国家电动汽车产业的有利政策，相互间积极配合、协助，在政策发展、标准设立、技术研发、知识产权共享、产业共进等方面协同工作，从而实现专利技术的突破，促进产业快速响应市场需求变化的创新。T10 电动汽车协会是国内 10 家大型汽车企业联合组建的电动汽车产业联盟，包括了国内销售额居于前 10 位的本土轿车企业，如上汽、长安、一汽、东风、广汽、北汽、奇瑞、华晨、重汽和江淮等，他们之间的协作有利于解决技术研发、政策支持、标准制定、配套设施等方面问题；重庆市新能源汽车产业联盟集合了重庆市本地新能源领域的优势资源，将 30 多家整车企业、零部件供应商、科研院所、终端用户融合在一起，形成技术合作、信息共享、科研攻关、政策争取的协作优势。正是在产业联盟的协同创新下，长安新能源汽车取得了弱混及中混的核心专利技术突破并在国内率先加以实施，达到产业化的目标。

（3）长安新能源汽车协同专利实施的重要环节。

基于上述"五位一体"的协同专利实施体系，下面分析长安新能源汽车协同专利实施中的重要环节，包括电控系统集成与控制专利技术、电池系统集成与控制专利技术、纯电动系统及混合动力系统专利技术三个方面：

一是电控系统集成与控制专利技术的协同创新与实施。电控系统是新能源汽车三大核心技术（电控、电池、电机）之一，也是新能源汽车研发中的一个难点。长安新能源汽车通过国家"863"项目的支持，与高校科研力量联合进行科学项目攻关，创新性地提出了"融合全局最优和局部最优的能量管理方法"、"基于失效预测的电动汽车安全控制方法"、"分级分层的电动汽车分布式故障诊断方法"、"扭矩协调控制方法"等研发对象，并借助外部研发企业、产业联盟组织、供应链伙伴的知识、技术能力，将这些力量协同起来，突破了"系统高效工作"、"扭矩安全"、"高压安全"、"准确识别"、"快速处理"等技术瓶颈，产生了56项发明专利。这些专利大部分都被应用到了产品当中，形成核心技术能力。

二是电池系统集成与控制专利技术的协同创新与实施。电池系统是新能源汽车的关键部分，也是在技术创新和产业化上最具前景同时又最有挑战性的项目。长安新能源汽车通过与清华大学、北京理工大学、重庆大学、北京航空航天大学等高校以及重庆市科委"高功率锂离子动力电池系统研发及产业化"项目组和LGC、科力远等公司的全方位合作，将各种相关的创新要素、创新人员聚集起来，拓展了协同创新的空间，攻克了多项技术难题。具体而言，长安新能源汽车通过协同创新，攻克了大规模产业化电池安全控制难题，获得"基于多层安全设计的动力电池系统安全控制"的技术；解决了SOC（荷电状态）估算误差大的问题，获得"基于非线性时变多参数自动识别的SOC估算"的技术；突破了动力电池系统高压泄漏的瓶颈，获得"基于脉冲调制分压方法的高压系统快速绝缘检测"的技术；总共产生发明专利47项，其中3项为国际专利。这些专利技术在电池模组和电池管理系统中实施之后，极大的增强产品的市场竞争力。

三是纯电动系统及混合动力系统专利技术的协同创新与实施。一方面，纯电动车代表着新能源汽车的发展方向，其核心技术不光涉及电池、电机、电控等部分，还涉及将这些部分有机整合在一起的电动系统。为了实现在纯电动系统上的专利技术掌握及应用，长安新能源汽车突破了传统的由企业自身研发部门孤立创新的方式，以合作创新模式与企业外部进行信息沟通、知识交流，并开展跨组织的研发、生产、市场界面管理，将各种要素协同起来，相继开发了纯电动用整车控制技术、电池及控制技术、电机及控制技术等专利技术，并将这些技术使用到核心零部件上，陆续搭载到长安奔奔纯电动汽车、睿行EV 物流车等车产品中，有效的开拓了市场。另一方面，同样是通过创新要素的协同，例如，央企电动汽车产业联盟的市场信息要素，政府支持的"长安混合动力汽车技术及产业化"科技项目中的技术创新要素，长安——高校工程研究中心、荷兰 TNO 应用科学服务组织的知识要素，获原专业模具公司的生产要素。长安新能源汽车整合这些要素并围绕市场驱动的价值目标协调运作，陆续开发了插电及混合动力用整车控制技术、混合动力用整车电池、电机及控制技术，并将专利技术形成的零部件产品相继搭载到杰勋、志翔、逸动等整车中，推动实现整车产品产业化。

（4）长安新能源汽车协同专利实施的效果。

由于长安新能源汽车建立起了开放共赢的协同创新体系，在专利实施活动中从知识到技术再到价值创造的过程里持续与外部的政、产、学、研、介等组织开展合作，实现新能源汽车专利技术创新与运用的目标，所以取得了良好的协同创新效果，具体表现在以下几个方面：一是获得了多项专利及规范成果，包括授权专利154 项（其中有3 项国际专利），并且大部分专利技术都成功地运用在了新款产品当中，占申请专利数量的89%，专利实施效率高；牵头制定行业标准1项，参与制定国家行业标准规范 17 项、国际技术法规 2 项；获得 5项软件著作权；建立技术规范共 239 项，其中设计规范 147 项，试验规范 84 项，工艺规范 8 项。二是取得重要的科技奖项，例如，2010年"中混平台及产业化应用"项目获得"中国汽车工业科技进步奖"一等奖；2011 年"中混轿车研究与产业化"项目获得"重庆市科学技术奖"一等奖；2013 年"中混平台产业化"项目获得中国兵器装备集团"科技创新成果奖"；2013 年"面向新能源汽车的动力电池系统关键技术"荣获重庆市度科学技术技术发明一等奖；2014 年"电动汽车整车控制方法"荣获第二十一届中国汽车工程学会年会唯一一个技术发明一等奖。三是由专利技术的实施而获得的市场效应在行业中起到了示范作用，在协同创新的道路上，长安新能源汽车掌控了电池、电机、电控的核心技术，填补了国内车企在新能源自主研发的空白，整车控制器、电池管理系统产品打破国外企业对新能源系统控制产品的技术垄断，市场不断得到培育，新能源产品向行业扩展输出，已在重庆、北京、昆明等 20 多个城市示范运行，已销售搭载启停系统、混合动力系统、纯电动系统的产品 3 万余辆，总累计行驶里程超过 2.6 亿公里。四是经济效益和社会效益显著，2011～2014 年累计实现收入 3.8 亿元、上缴税收 1190 万元，在长安自主及合资企业的 10 余款电动汽车中获得应用，到 2014 年年底推动整车企业销售汽车 1643 辆、实现产值 2.18 亿元，覆盖公务用车、出租车、物流、私人用车，累计行驶里程超过 1 亿公里，累计节约燃油 250 万升、减少二氧化碳排放 3980 吨，建立了新能源自主技术体系，形成专利保护群，构建起了中国企业在新能源汽车上的技术壁垒，多项研发成果被国家、行业标准采用，专利技术得到大面积的应用。

2. 宇通新能源客车的协同专利实施案例①

（1）宇通新能源客车协同专利实施背景。

宇通客车股份有限公司位于河南郑州，是目前国内最大的客车生产企业，集客车技术创新、产品研发、生产销售于一体。在激烈的客车市场竞争中，宇通较早的从环境压力、需求变化和政策导向上认识到客车产品节能减排重要性，确立了发展新能源客车的战略，在 2000 年左右开始新能源车的自主研发和制造，但当时在新能源车研发水平、技术创新上还处在初级阶段。随着国家鼓励新能源车的政策不断出台和客车市场对新能源车的需求扩大，新能源客车产业蓬勃发

---

① 资料、数据来源于宇通客车官网和笔者调研。

展，宇通逐渐将新能源客车列为的主要业务单元，并将联合、协调外部力量共同开发新能源专利技术并实现产业化作为发展新能源客车的重要路径。随着创新推动产能扩大，宇通公司于2012年投资超过38亿元建成宇通节能与新能源客车基地，并正式投产，增加的新能源客车年产能达到3万台。

（2）宇通新能源客车的协同专利实施模式。

宇通公司的创新实践表明在产业升级形成的推力和市场增长产生的拉力作用下，新能源客车战略单元要获得竞争优势还需依靠科技创新来获得驱动力——即通过新能源客车领域中的科学知识发现和核心专利技术研发及运用而使新能源客车战略单元成为真正的明星业务；并且，创新驱动力的来源不仅是宇通客车自身研发力量，更需要大跨度整合来自政府部门、学研机构、产业伙伴、目标客户等方面的各种资源，在资源融合运用过程中产生协同作用。基于上述条件，宇通新能源客车形成了以产业发展为推力、市场需求为拉力、科技创新为驱动力的三力作用下的协同专利实施模式，如图6-3所示。

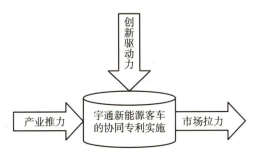

图6-3 协同专利实施的三力模型

对宇通公司而言，新能源客车专利技术的成功实施是上述三种力量共同作用的结果。具体来说，产业推力来自于产业政策、产业技术升级的推动力量，市场拉力来自于国内潜在客户、国外高端市场客户的需求拉动力量，创新驱动力来自于产学研合作创新的强大动能产生的促进力量。

其一，产业推力与宇通新能源客车专利实施的协同。首先，宇通新能源客车将专利实施的创新活动与产业政策变化有机协调起来，充分利用产业政策的推动作用。宇通新能源客车对近年来新能源汽车的政策性导向和文件进行了持续追踪和分析，从中提炼出产业创新的方向，为专利技术的研发和实施确定准确目标。例如，2011 年 7 月《国家"十二五"科学和技术发展规划》要求电动汽车保有量达 100 万辆，新能源汽车示范运行的城市为 30 个，由此宇通将适合城市运行的电动客车的相关专利技术作为研发运用方向；2011 年 10 月《国家关于加快培育和发展战略性新兴产业的决定》提出着力突破动力电池、电子控制等领域关键技术，推进纯电动汽车推广应用和产业化，于是宇通进一步聚焦于纯电动客车的电控、电池等核心技术；2012 年 10 月国家工信部印发《关于组织开展新能源汽车产业技术创新工程的通知》，明确将重点奖励全新设计开发的新能源汽车及动力电池，同时公布了标准，宇通针对标准要求开展新能源客车的创新性设计；2014 年 7 月国务院发布《关于加快新能源汽车推广应用的指导意见》，非常明确地提出将公共服务领域用车作为新能源汽车推广和应用的突破口，由此宇通加大了电动公交车、混合动力通勤车、电动校车等公共服务用车的核心专利技术研发及产业化力度，推动了专利技术的实施。其次，宇通新能源客车以客车产业技术升级和关联产业技术升级为激发自身创新的双重动力，并大力将企业内部的专利技术开发使用同外部的产业技术更新紧密结合起来，促进专利技术成果的创造与商业化。例如，客车从传统的汽油、燃气等燃料驱动到由电力这样的新能源驱动，一方面要依靠客车企业在客车动力部件、控制系统、安全保证等方面进行技术的突破及应用；另一方面要得到车载电池、电动车充电设备等互补性产业技术升级的支持。二者彼此作用，相互协同，新能源客车才能从传统客车实现华丽转身，适应甚至引领市场需求。基于此，宇通新能源技术部围绕电机控制、电池管理、整车控制等电动客车核心技术领域，整合了自身和客车产业、互补产业的创新资源，通过国家新能源汽车研究项目等方式，将产业链上游的核心部件制造原材料企业、中游的核心部件生产企业、下游的整车制造及配套充电站、电池更换站等企业的研发力量聚集起来，由整体产业技术升级推动新能源客车技术进步，其中，"宇通插电式混合动力城市客车产业化技术攻关"等国家级新能源汽车产业科技项目的完成就实现了多项核心专利技术的攻关与应用。

其二，市场拉力与宇通新能源客车专利实施的协同。在竞争激烈的客车市场，宇通面临着金龙、安凯、恒通、大宇、IVECO 等知名品牌客车企业对客户的争夺；同时，客户对客车产品的节能性、环保性、安全性等方面的要求越来越高，宇通只有实现新能源客车的专利技术超越才能抢占未来客车行业竞争的制高点。因此，宇通充分考虑将企业专利实施的创新战略与市场需求所形成的拉动力量协调一致，与客户共同创新。例如，在广东地区国外的客车品牌一度占据了较大市场，但依然有着较大的市场潜量，要赢得客户就必须比国外品牌有更好的创新；宇通派出既懂技术又懂营销的工作人员与该地区主要城市的公路运输公司、城市公交公司、交通建设投资集团等用户对象进行细致沟通，了解到他们对新能源客车产品的偏好是能耗低、充电快、制动系统灵敏、外观上大气多样；基于客户的需求特征，宇通与客户形成了创新目标共识，在专利技术研发上有针对性的开发了电池管理系统（Battery Management System），可以监控每个电池单体的电压、电流、电量、温度，提升了电池使用效率，降低了能耗，并有快速充电的特色功能；对电控系统采用集成化设计，高压连接点由 29个减到 14 个，从而有效地保证车辆可靠、安全；开发客车的外观设计专利，使客车外形美观大气。另一个例子是宇通专门为欧洲城市巴士线路量身设计的纯电动汽车，因为欧洲城市客运车辆目前的汽柴油燃料消耗量大、行驶里程长，是城市污染源之一，欧盟对此规定了严格的减排标准，宇通参照该标准开发的电动型客车节能减排专利技术获得了法国等欧盟国家试运营许可，有望成为欧盟未来 10 年的新能源客车主要供应商之一。由于专利的研发针对目标客户的具体要求，结合客户需求进行同步或超前研发，很多专利在新型客车产品中得到有效实施，赢得客户的尊重和喜爱，产生了良好的市场价值。

其三，创新驱动力与宇通新能源客车专利实施的协同。如果说产业推力和市场拉力从横向上带动宇通新能源客车的专利实施，那么创新驱动力则从纵向上贯穿了宇通新能源客车专利实施过程，形成强大的创新协同合力。这里，创新驱动力是指在开放式创新环境下，宇通打开企业与外部组织或个体之间的边界，与大学、科研院所、政府相关部门、同行企业、供应商、客户等广泛互动合作，使得信息、知识、技术、人员等资源流动交融，产生了集成式的创新驱动力量。这种合成驱动力量将宇通企业内部和外部的多种创新要素聚集在一个平台上，要素间相互协作配合而产生高度的协同作用，其最典型的表现就是宇通"国家电动客车电控与安全工程技术研究中心"平台。该平台围绕电动客车的经济性、可靠性、安全性等关键问题，致力于电动客车"电控"、"安全"等核心技术的研发和产业化，助推宇通新能源客车相关专利的实施，进而提升我国新能源汽车的技术水平，推动产业升级。宇通"国家电动客车电控与安全工程技术研究中心"平台在国家科学技术部支持下于 2014 年 11 月建立，与相关企业、高校、科研院所密切合作，整合优势资源，促进专利技术等科研成果的研发和快速转化。合作的主要企业有中国汽车工程研究院股份有限公司、广西玉柴机器股份有限公司、中信国安盟固利动力科技有限公司、上海电驱动有限公司、苏州汇川技术有限公司、精进电动科技有限公司等；合作的高等学校包括清华大学、哈尔滨工业大学、北京理工大学、吉林大学、大连理工大学等；合作的科研院所有"国家认定企业技术中心"、"河南省新能源客车技术重点试验室"、"河南省客车制造工程技术研究中心"等。整个平台形成了一个紧密互动、行之有效的产、学、研合作专利技术联合开发与应用机制，在电动客车电控与安全技术领域不断创新并将专利等创新成果及时转化、示范推广和产业化，极大的提高宇通电动客车的市场竞争力，同时带动我国电动客车及相关行业的技术升级和产业发展。

（3）宇通新能源客车协同专利实施的效果。

宇通新能源客车在专利实施创新活动中通过产业推力、市场拉力、创新驱动力的协同作用，在 2014 年申报新能源客车相关发明专利 86 项，大部分得到授权并运用在产品中，形成企业标准和技术规范 33 项；2015 年获得并应用电动客车相关发明专利 27 件，实用新型专利 211 件，并且在电动客车领域制定企业标准 49 项，牵头制定行业标准 1 项、参与制订或修订行业和国家标准 5 项。由协同专利实施形成的新能源客车产品产生了很好的市场效益，仅在 2015 年宇通节能与新能源客车销售量就达到近 2 万辆，占整个新能源客车市场销售量的约 27.9%。同时，专利协同实施还产生了显著的科技创新成果，最典型的是"节能与新能源客车关键技术研发及产业化"项目获得国家科学技术进步奖二等奖，该项目由宇通客车技术研发部门与学研机构、产业链伙伴等协作攻关、共同创新，产生了"睿控"核心技术，它包含了整车控制器、五合一电机控制器、智能化电池管理系统、变频空调控制器等重要专利技术，应用在宇通新能源客车中形成独有的智能化和电动化控制系统，实现节能、环保的创新目标；实际运行中，安装睿控的新能源客车比传统能源客车节能 30%，减少 PM2.5 排放 90%，受到市场的欢迎和良好的社会评价。

3. 两个案例的比较分析

通过以上对长安新能源汽车"五位一体"的专利实施体系和宇通客车专利实施的"三力模型"研究，可以看到二者的协同创新方式既有不同之处又有内在的相似性。不同之处在于：长安新能源汽车主要面向的是个体消费者市场，而宇通节能和新能源客车主要面向的是运输公司、城市公交集团等组织用户，消费主体的不同带来两个企业在专利实施的协同路径有所差异——长安新能源汽车要通过专业服务机构（如行业协会、专门的轿车市场发展研究机构）来与消费者需求相协调，间接地使专利实施的创新活动与市场需求协同起来；而宇通客车更多的是直接与目标组织客户沟通，从而将专利实施的创新活动与他们的需求协同。

更重要的，两个案例中的创新主体在协同专利实施中有着不少内在的相似之处，表现为目标协同上的组织融合及组织认同、协同过程中的资源整合与协作、创新主体的激励协同、联盟式的合作关系等方面。

（1）组织融合及组织认同。

从案例研究获得的资料及对这些资料的分析来看，长安新能源汽车和宇通客车的协同专利实施活动都有多个主体参与，包括企业、大学、研究院所、政府部门、中介机构、用户等。主体的异质性决定了他们参与协同专利实施的目标不同，因而要在知识、技术、信息、人员等方面有效的协作就存在着由目标差异导致的组织间的摩擦或互斥，为了解决这一阻碍，长安新能源汽车公司和宇通客车公司都采取了组织融合的方式，并力争在组织间取得相互的认同，从而实现组织目标趋于一致，形成组织协作开展专利实施的合力。在促成组织融合的路径上，两家公司有着各自的途径：长安新能源汽车促成成立并加入了央企电动汽车产业联盟、T10电动汽车协会、重庆市新能源汽车产业联盟、与清华大学等高校合作的产学研合作联盟、与国家科技部等部委合作的项目研究团队、与中国汽车工程研究院等研究机构合作的产研伙伴联盟；宇通客车打造的国家电动客车电控与安全工程技术研究中心集合了公司新能源客车事业部、博士后科研工作站、多所科研院校、相关企业等不同组织于一个平台，广泛开展知识交流与技术合作。尽管两家公司在组织融合的形式上有所差别，但本质上都形成了混合组织的合作方式。混合组织是一种对多个组织资源综合使用的治理结构，通过共同的价值创造将不同组织的目标协调起来，集合各组织的优势资源来实现创新目标。① 由此，专利实施复杂过程被有机的解构到混合组织的各个功能区中，然后功能区的成果聚集在一起，充分发挥组织的合力作用。

在发展混合组织的基础上，长安新能源汽车、宇通客车都与协同专利实施的其他主体形成了组织认同。组织认同分为内部组织认同和外部组织认同，外部组织认同是不同组织由共同工作而形成的伙伴式（Partnering）的关系，从而在目标、任务、群体、核心成员等方面产生的彼此识别与确认。② 长安新能源汽车、宇通客车属于外部组织认同，他们在本企业与其他组织的关系方面达成伙伴关系，以价值创造为总体目标将不同组织的目标协调起来，使得学研机构、政府相关部门、市场中介乃至用户认同通过合作专利实施而创造市场价值，由此实现个体的目标。事实上，正是在共同的价值目标导向下，各个组织有效的分配和执行了工作任务——学研机构在为新能源车专利研发应用提供新的科学研究成果及新知识的同时完成了科研目标，政府相关部门在为新能源车专利技术创新、产业化给予政策研究和支持的同时实现了产业升级及经济转型的目标，市场中介及用户在为新能源车专利开发和向产品转化提供市场需求、发展趋势等信息的同时获得了效用，而长安新能源汽车、宇通客车作为核心成员在组织认同中起到桥梁和纽带作用，使各个组织的目标围绕合作专利实施得到最大化的协同。

（2）资源整合与协作。

企业的创新是以资源为基础的创新，现代产业发展要求企业利用多种资源来进行创新。长安新能源汽车、宇通节能和新能源客车属于战略性新兴产业，他们都将多样化的创新资源引入到专利实施活动，

---

① H Anheier, G Krlev. Governance and Management of Hybrid Organizations [J]. International Studies of Management & Organization, 2015, 45 (3): 193 –206.

② R Edwards. Organizational Identification: Conceptual and Operational Review [J]. International Journal of Management Reviews, 2005, 7 (4): 207 –230.

包括知识资源、信息资源、技术资源、政策资源、资金资源、人力资源等，以服务于创新目标的实现。显然，这些资源分布在不同类型的组织当中，需要整合到专利实施过程的主要环节，加以协调运作利用，才能产生最大化的价值。长安新能源汽车和宇通客车在专利实施的源头，即知识创造上，充分吸纳高校、科研院所创造的科学知识成果；在专利实施的中端，即技术创新上，广泛获取电池企业、电机企业、高压电附件企业等产业伙伴的技术研发资源；在专利实施的末端，即价值实现上，为了将创新知识和专利技术转化为符合市场需求的产品，积极获取政府产业政策、科研项目支持，金融中介的资金配合，信息中介的市场信息以及用户的需求反馈，并将这些资源融入专利商业化的价值实现过程始终。

事实上，长安新能源汽车、宇通客车的资源协同突破了线性创新模式，拓展了合作创新组织的边界，使更多不同类型主体的异质性要素资源相互融合，形成集合了企业、大学、科研机构、政府部门、中介机构、用户等主体的跨界创新网络，是一种螺旋式的多方资源及创新行为的叠合，有效的促进专利实施活动。具体而言，在长安新能源汽车、宇通客车的协同创新螺旋系统中，知识要素资源通过在该系统的流动转化为技术要素资源和经济要素资源（知识的经济价值），技术要素资源通过在该系统的流动转化为专利和产品，政策要素资源对知识要素资源、技术要素资源的转化具有导向和推动作用，资金要素资源、信息要素资源保证知识向专利技术、专利技术向产品转化的进程和方向。整体上，知识要素、技术要素、政策要素、信息要素、市场要素等资源相互渗透，互为创新驱动力量，达到螺旋式上升的动态平衡。① 正是这样的创新螺旋机制促使两家公司在电池管理系统、整车控制系统等方面产生并应用了一系列的专利技术。

---

① L Leydesdorff，H Park，B Lengyel. A Routine for Measuring Synergy in University-Industry – Government Relations：Mutual Information as a Triple – Helix and Quadruple – Helix Indicator [J]. Scientometrics，2014，99（1）：27 –35.

（3）创新主体的激励协同。

为了充分激发各创新主体的合作意愿和提高他们的资源投入水平，长安新能源汽车、宇通客车在与他们合作开展专利实施过程中非常重视发挥激励协同的作用。合作创新情景下的激励协同是指组织内部激励与外部激励、个体激励与整体激励相结合的系统激励方式，以获得激励的协同效应，提高合作伙伴的满意度和绩效。[①] 新能源汽车面向的是新技术、新市场，创新具有价值不确定性，即资源投入到电动汽车、节能汽车相关专利技术上之后，得到的预期收益难以确定，不同主体参与创新的动力及合作程度受到影响。对此，长安新能源汽车和宇通客车将企业内部激励向外延伸，把企业自身的创新激励与对外部合作伙伴的激励结合起来，从利益分配和风险规避角度形成整体上的协同激励机制。

一方面，在利益分配机制上，两家公司均采取了将内部的"满足尊重的需要"、"满足自我实现的需要"等激励机制适用到外部合作伙伴，具体表现为：与共同开展专利实施的大学、科研机构、伙伴企业等组织积极沟通，协商合作科学知识创造、专利技术开发、专利商品化等方面的绩效目标，给予他们足够的信任，充分了解他们预期的回报要求，通过良好的经济报酬和成果共享等方式增加合作伙伴的成就感。另一方面，在风险规避上，两家公司都充分考虑到新能源汽车专利技术开发应用的难度和市场的成熟程度问题，以及组织合作过程中可能产生的"搭便车"问题，通过建立和完善信任机制、合作程序、组织文化来保证合作创新的互信度、公平性以及一致性，由此减小伙伴组织的风险承担几率，提高互信程度，促进知识、信息、技术等要素围绕新能源汽车专利实施的顺畅流动与整合利用。

（4）战略联盟式的合作关系。

在协同专利实施过程中，无论是长安新能源汽车还是宇通客车，

---

① 孙新波，齐会杰. 基于扎根理论的知识联盟激励协同理论框架研究 [J]. 研究与发展管理，2012，24（2）：10 - 18.

他们都与学研机构、政府部门、协作企业、市场中介组织乃至用户之间形成了紧密的合作关系。随着合作的深化，这种关系逐渐演化为联盟式的长效合作形态，具有长远性、系统性、动态性等战略联盟的特征。战略联盟式的合作关系使各方的利益趋于一致，产生了多赢效应，进而又为多个组织的协同专利实施提供了强大的动力。

具体而言，首先，战略联盟式的合作关系优化了组织间的资源配置。资源基础观认为价值的最大化实现来源于不同组织将各自的优势资源有机整合，战略联盟正是在联盟组织互利互惠基础上的资源互补、价值最大化创造行为。① 长安新能源汽车在新能源轿车的电子控制系统技术上具有研发优势，为了将该技术更加完善并专利化、产业化，长安新能源汽车联手清华大学、同济大学、北京理工大学的电子控制技术科研团队，引入多个配套企业的子系统研发力量，集聚中国汽车工程研究院的资深科技研究人员，并取得国家工信部"新能源汽车电子控制系统研发与产业化"研究项目的资金支持，由各种资源的整合利用而快速突破了电子控制系统高效工作、高压安全、扭矩安全等技术瓶颈，所获得的专利技术成功应用到长安逸动、睿行等电动整车产品中。

其次，战略联盟式的合作关系降低了交易成本。新能源汽车产业中，由科技创新推动的专利实施对企业获取竞争优势的作用十分显著，但如果仅仅依靠企业自身的科技资源来开展专利实施的创新活动，其成本投入很高且效率较低。交易成本理论表明企业可以通过与其他组织结成战略联盟而降低成本，提高资源的利用效率。② 以宇通客车的睿控科技平台为例，该平台涵盖了新能源客车的"电动四化"和"智能四化"，科技创新含量高。其中，"电动四化"包括驱动、

---

① Eisenhardt K. Resource-based View of Strategic Alliance Formation: Strategic and Social Effects in Entrepreneurial Firms [J]. Organization Science, 1996, 7 (2): 136 – 150.

② Bonet P. Integrating Transaction Cost Economics and the Resource-based View in Services and Innovation [J]. Service Industries Journal, 2010, 30 (5): 701 – 712.

转向、转动、冷却的电动化，"智能四化"包括驱动管理、发动机启停、远程技术支持和全车控制智能化，都涉及密集的知识创造、高水平技术研发及转化。若宇通单凭个体的力量应对如此艰巨的科技攻关，则成本和风险非常高；而宇通客车通过与高校、科研院所、产业链上的配套企业、政府相关部门、市场中介组织等组织结成联盟式的合作关系，得到他们的科学研究成果、技术创新成果、激励政策、市场信息等资源，并给予他们相应的回报（如高校、科研院所的科研成果在睿控科技创新平台中转化为专利技术产品而获得经济效益、社会效益），使得睿控科技平台开发的成本降低，顺利实现"电动四化"和"智能四化"的专利技术突破并运用到新型纯电动客车产品中，有力的开拓了市场。

再次，战略联盟式的合作关系促进了价值创造。传统的合作观念将企业与其他组织的交互活动看作是价值分配的过程，而开放式创新背景下，组织间的合作关系是价值创造的网络结构。[①] 长安新能源汽车、宇通客车都与其他伙伴组织建立了战略联盟，形成一个合作关系密切的价值交换网络系统，极大地促进了价值创造。例如，在与同行企业、研发机构结成中央企业电动车产业联盟（State-owned Enterprise Electric Vehicle Industry Alliance）中，长安新能源汽车同联盟伙伴构建起价值网络，进行标准设立、技术研发、政策研究、知识产权共享、产业协调等方面的价值交换，在新能源车的电池、电机、充电服务、整车的专利技术研发与应用上优势互补，提升专利实施的效率，创造市场价值。又如，宇通客车在国家科学技术部支持下，与配套企业、多个科研院所、博士后科研工作站组建的战略联盟式价值网络平台——国家电动客车电控与安全工程技术研究中心，高效开展知识、技术、信息的交流合作，推动电动客车相关专利技术的研发和产

---

① Joanna D, Pierre C. Value Network Modeling and Simulation for Strategic Analysis: a Discrete Event Simulation Approach [J]. International Journal of Production Research, 2014, 52 (17): 5002 – 5020.

业化，获得了很好的商业价值。

6.4.4 基于案例分析的理论拓展

长安新能源汽车公司、宇通客车公司两家企业的协同专利实施案例分析表明，企业与其他组织通过战略合作安排，以联盟的方式进行知识、信息、技术、人员、研发团队等资源要素的整合利用，协调组织间的创新目标及架构，对由创造性知识到专利技术开发再到专利转化为市场价值的专利实施过程有着积极的影响。在案例调研与分析过程中，本书发现除了协同机制对联盟组织合作专利实施能产生有力的推动作用外，进一步的，还发现专利实施战略联盟组织的协同专利实施促使组织间建立起一个创新生态系统，不同的组织处于不同的生态位，通过相互作用形成专利实施的创新生态结构，并且在合作机制下产生专利实施战略联盟的创新生态发展动力，由此拓展出专利实施战略联盟的创新生态理论。

1. 联盟组织的生态位

在新能源汽车企业与大学、科研院所、同行企业、政府相关部门、市场机构等组织合作开发并应用专利技术的过程中，长安新能源汽车公司和宇通客车不再是一个简单的封闭式的投入产出体，而是与其他组织所结成的联盟中的一个核心成员，共同开展专利实施活动，以获取最大化的创新价值。这非常类似于一个生态系统里，各个物种在系统群落中占据着各自的生态位，有着不同的功能又交互作用。生态位理论认为生态位具有"态"和"势"两种基本属性，"态"反映出某个物种在整个生态系统中的状态，"势"表现为该物种对其他物种的影响或作用能力。[①] 与此相似的，在新能源汽车的创新生态系统中，长安新能源汽车和宇通客车的"态"体现在电控、电池、电

---

① Iansiti M, Levien R. Strategy as Ecology [J]. Harvard Business Review, 2014, 82 (3): 68-81.

机、整车控制等方面的研发积累与生产能力，处于系统中的关键地位，"势"表现为两家公司在专利实施过程中吸引、融合其他组织的知识、技术、信息等资源，造成组织间相互学习、共同成长的形势。这意味着长安新能源汽车和宇通客车的生态位为他们提供了一个创新生态群落空间，发挥着聚集多种创新资源的能力，与多方联动而互惠共生，使得专利实施不再是一个企业内部的知识、技术、价值转化过程，而是突破组织的界限达到战略、能力协同化的专利技术开发应用。

2. 战略联盟的生态结构

长安新能源汽车、宇通客车分别与其他组织围绕专利实施组成战略联盟，为企业提供合作伙伴、创新资源、政策支持以及重要的市场信息，在他们长期的互动过程中，构建并发展了创新生态结构。该生态结构是具有一定关系的组织构成的动态结构，包括大型或小型企业、大学、研究中心、公共机构或其他影响创新生态系统的组织。[①]按照专利实施的知识—技术—价值转化逻辑，这些组织聚合为三大主要生态群落：科学研究、专利技术开发、技术应用与产业化。科学研究群落里分布着清华大学、北京理工大学、哈尔滨工业大学、上海交通大学、重庆大学、大连理工大学等高校的科研机构；专利技术开发群落里分布着国家认定企业技术中心、国家电动客车电控与安全工程技术研究中心、长安汽车工程研究院、河南省新能源客车技术重点试验室、河南省客车制造工程技术研究中心、荷兰 TNO 应用科学服务组织、美国阿岗实验室等专利技术研发主体；技术应用与产业化群落里分布着欧洲的长安新能源汽车、宇通客车的生产部门，金美公司、科力远新能源股份有限公司、AVL 公司、FEV 公司、Lotus 公司、LGC 公司、荻原（OGIHARA）专业模具公司等相关企业。其中，科学研究群落在整个生态系统结构中居于基础地位，如同自然生态系统

---

① Peltoniemi M, Vuori E. Business Ecosystem as the New Approach to Complex Adaptive Business Environment [C]. Proceedings of E – business Research Forum, 2004: 267 – 281.

中的土壤一样，滋养着整个生态体系；专利技术开发群落在整个系统结构中具有支撑作用，如同大树树干一般，是生态系统的中坚力量；技术应用与产业化群落是整个生态系统结构中的"开花结果"部分，最终实现专利技术的市场价值。同时，长安新能源汽车和宇通客车在各自的生态系统结构中扮演着协调者的角色，结合自身的生态位和合作组织、群落的异质性资源，整合利用知识、技术、信息等要素，推动新能源汽车产业的专利实施持续发展。

3. 联盟生态系统的合作动力

以长安新能源汽车公司、宇通客车为核心的专利实施战略联盟如同生态系统一样，面临着是繁荣发展还是衰败没落的问题。长安新能源汽车公司和宇通客车之所以能够同其他组织形成战略联盟并依靠联盟力量提升专利实施水平，联盟的创新生态系统不断发展，就在于他们受到联盟生态系统中组织间的合作动力驱动。传统上认为自然生态系统进化的基本原则是突变和选择，而现代的观点则表明合作是进化的第三原则，甚至是更重要的原则，因为通过合作，进化产生了更富有建设性的一面。① 长安新能源汽车公司、宇通客车与其他组织的合作动力源于联盟生态系统组织间的差异性资源交流、共生界面、共享获利促进了组织的协同进化，增强了他们的专利实施能力。在联盟生态系统中，单个企业难以掌握专利实施所需的全部知识、技术、市场资源，从而产生资源缺口，需要通过联盟的生态系统实现资源共享、组织共生；长安新能源汽车公司、宇通客车公司作为联盟的核心主体，以他们在新能源汽车领域长期的技术积累、生产能力、市场覆盖等优势，主动构建与其他组织的联盟合作关系，获得来自其他组织的互补性资源以弥补缺口，形成资源利用的规模经济效应和范围经济效应，与其他组织互惠共生，吸纳和使用彼此优势资源，达到整个联盟生态系统协同进化的效果。

---

① 马丁·诺瓦克著，龙志勇译. 超级合作者 [M]. 杭州：浙江人民出版社，2013：2-8.

6.4.5 案例研究总结与启示

对长安新能源汽车公司、宇通客车公司的案例研究表明，协同机制在合作专利实施中发挥着重要作用。首先，专利实施战略联盟中企业等组织为了有效开展合作专利实施而通过组织结构的交融、整合，例如混合组织形式达成目标协同，参与合作专利实施的各个组织通过共同的组织识别而创造价值共识，形成趋于一致的合作创新目标。同时，相关组织需要协调、集成各自的优势资源，将专利转化为市场所需的创新产品；创新主体打破边界阻隔，增强横向互动，从而实现资源的快速流动与深度融合，产生强有力的协同效应。此外，专利实施合作组织通过建立沟通机制、承诺机制、角色一体化机制等复合机制，将个体利益整合为集体利益，打造利益共同体；相关组织建立良性的信任循环，激励各个组织采取相互信任的行为，克服不确定性和机会主义带来的风险。进一步的，专利实施战略联盟组织的协同专利实施促使组织间建立起一个创新生态系统，不同的组织处于不同的生态位，通过相互作用形成专利实施的创新生态结构，并且在合作机制下产生专利实施战略联盟的创新生态发展动力。这启示着企业与其他组织在合作专利实施中要大力形成并发展协同关系，获得"1 + 1 + 1 > 3"的协同效应，以有力的推动专利实施。

6.5 本 章 小 结

本章针对新兴产业知识技术密集的特征，基于专利实施作为系统性创新活动呼唤组织合作的基本要求，结合协同理论、混合组织模式、三螺旋机制、合作利益模型等理论成果，阐述了异质组织间目标协同、资源协同、激励协同的三位一体协同机制，为组织合作专利实施提供了新的理论思考。我国新兴产业正方兴未艾，高效的专利实施对新兴产业科技成果的顺利市场化意义重大。通过长安新能源汽车公司、宇通客车公司的案例研究对协同机制中主体间的协同关系进行了案例实证分析，验证了本章提出的专利实施战略联盟组织合作专利实施的 O－R－M 协同机制架构，并进一步提炼了专利实施战略联盟组织的创新生态系统理论。在此基础上，下一步工作是要对联盟合作专利实施这一创新活动的绩效进行评价。

第 7 章

专利实施战略联盟创新绩效评价

对专利实施战略联盟创新绩效的评价关乎联盟的发展与成长，有利于探索专利实施战略联盟的各项指标与创新绩效的动态关系。本章首先阐述联盟创新绩效评价的含义、流程和方法，然后从专利实施战略联盟组织间的合作水平、组织间的协同能力、核心组织的创新能力三个方面分析联盟创新绩效的影响因素，再运用灰色聚类评估方法做出评价，为寻求提高专利实施战略联盟创新水平的路径提供依据。

7.1 专利实施战略联盟绩效评价的含义、流程和方法

专利实施战略联盟有着自身的特点，对其做绩效评价要明确评价的含义，按照清晰的评价流程，使用合理的评价方法，才能达到预期的评价效果。

7.1.1 专利实施战略联盟绩效评价的含义

管理科学中一般意义上的绩效评价是指面向特定个人、组织或其他主体，通过建立多样性的评价指标，对其业绩进行考量和评估，以发现成绩和不足，并由此寻求有效调动各个主体潜能和积极性的方

法，从而持续提高业绩水平。[①] 可见，绩效评价具有目的性、指标性、方法性、价值性的特征。专利实施联盟绩效评价的含义可界定为：为了达到考察联盟组织合作开展专利实施活动真实情况的目的，根据联盟特征和影响联盟绩效的因素，运用一定的技术方法构建起特定的指标体系，对专利实施战略联盟的价值做出客观评估，反映联盟运作效果以及存在的问题，探求联盟组织合作开展专利实施的效率提升。

7.1.2 专利实施战略联盟绩效评价的流程

根据专利实施战略联盟绩效评价含义的内在要求，联盟评价的流程应包括确立评价目标、设定评价内容、构建评价标准及指标、展开评价、得出评价结论等主要环节。

1. 确立评价目标

专利实施战略联盟绩效评价目标的设立围绕以下几个方面展开：确保联盟构建的初衷——通过组织合作的方式提升专利实施效率的目标实现，发现和改进专利实施战略联盟运作中出现的问题、纠正偏差，从而更好地利用组织的互补性优势资源，完成从知识创造到技术创新再到专利技术转化为市场成果的过程。所以，专利实施战略联盟绩效的评价目标要服从和服务于构建、发展联盟组织合作关系的出发点，是整个评价体系的导向。

2. 设定评价内容

专利实施战略联盟绩效的评价内容以评价评价目标为指南，指的是对哪些主要方面展开评价。根据专利实施战略联盟的特点，评价的主要方面包括联盟组织间的合作水平、联盟组织间协同开展专利实施的能力，联盟中核心组织的创新能力三个主要方面，他们直接影响着

---

① 杨杰. 对绩效评价的若干基本问题的思考 [J]. 中国管理科学, 2000, 8（4）: 74－80.

联盟的创新绩效。

3. 构建评价标准及指标

评价标准和评价指标是紧密关联又各自独立的两个评价子系统。评价标准本质上是评价的参照系统,是判断联盟绩效好坏的基本依据,而评价指标是一种基于主要评价内容的定量评价单位,既反映评价标准又服从于评价标准。由于专利实施战略联盟的特殊性,构建科学的评价标准实际上为评价指标设立了重要原则,这些标准包括客观性、可衡量性、动态性。评价指标在符合这些原则的基础上应体现出专利实施战略联盟的评价范畴、类别和层次,包括了联盟组织合作水平层面的组织边界开放程度、组织间信任程度、组织资源互补程度、组织交流沟通平台高度等指标,联盟组织协同能力层面的目标协同能力、资源协同能力、激励协同能力等指标,核心组织创新能力层面的知识管理能力、资源整合能力、创新协调能力等指标。

4. 展开评价

对专利实施战略联盟创新绩效评价的展开是依据一定评价原则、采用相应的评价方法收集、整理、分析数据信息从而获得有效评价结果的过程。评价原则要体现联盟的整体性、互动性,因为联盟创新绩效是由各个联盟组织互动合作而产生的,不但要评价联盟核心组织的绩效,还要考虑该组织的绩效对其他组织以及整个联盟的影响。评价方法选用灰色聚类评估法,如何使用该方法将在后文阐述。

5. 得出评价结论

经过绩效评价过程而获得的信息就是评价结论,它反映出评价人员对专利实施战略联盟创新评价指标的实际完成情况。评价结论对客观认识专利实施战略联盟创新现状,分析和发现不足之处,寻求有针对性的办法来提升联盟专利实施的水平有重要参考价值。

7.1.3　评价方法:灰色聚类评估

专利实施战略联盟是一个复杂的系统,创新绩效受到多种因素的影响，因而在对其进行评价时面临着一些具体问题：一是评价指标呈现多层次的结构特点，评价指标的难以准确确定；二是评价指标可能是定性指标，也可能是定量指标，且定量指标的数量级常常不尽相同，难以融合到同一个指标体系中；这使得评价人员在做具体评价时得到的信息往往具有灰色性质。在此条件下，常用的求权重的方法，如层次分析法，常把所有评估人员的评估结果做同等处理，使得结果受最大或最小少数几个值的影响；同时，当层次分析法构造的判断矩阵不一致时，排序权向量的最终计算结果也很可能背离理论基础。[①]而灰色系统理论中的灰色聚类评估法能应对这样的问题，得出可靠的评价结果。

1. 灰色聚类评估简介

现代科学技术在高度分化基础上的高度综合使得系统科学不断发展，以应对科技领域越来越多的复杂性问题和不确定性问题，灰色系统理论是继耗散结构理论、超循环理论、粗糙集理论之后的又一重要系统科学理论，是一种研究小样本数据、信息不确定性问题的新方法；主要通过对小部分已知信息的生成、开发，提取价值含量高的信息，从而实现对系统运行过程、演化规律的正确描述以及有效监控。[②]灰色聚类评估是灰色系统理论的一个分支，按照灰色关联矩阵或灰数白化权函数，将评价对象或指标划分为若干可定义的类别的方法。根据聚类对象来划分，灰色聚类分为灰色白化权函数聚类和灰色关联聚类，前者主要用于评价观察对象是否属于不同类别，以区别分析对待；后者主要用于归并同类因素以便简化复杂系统。

2. 灰色聚类评估方法的使用

正是由于专利实施战略联盟是一个复杂创新系统，在联盟组织合

---

① 于小兵. 基于 MA - OWA 和灰色评估法的企业信息集成服务供应商选择研究 [J]. 数学实践与认识，2012，42（17）：89 - 96.

② 刘思锋，党耀国，方志耕，谢乃明. 灰色系统理论及其应用 [M]. 北京：科学出版社，2010：1 - 9.

作开展专利实施过程中面临着诸多的不确定性，所以对联盟绩效的评价采用灰色聚类评估方法是适宜的——如前所述，灰色聚类评估属于复杂系统科学中的理论方法，能有效应对复杂性问题和不确定性问题。

本书采用灰色聚类评估中的白化权函数方法，因为该方法适用于区分影响专利实施战略联盟创新绩效的不同类别因素，有助于有针对性的按不同因素类别来探讨提升联盟创新绩效的对策。事实上，近年来灰色聚类评估中的白化权函数方法被广泛地应用于区域主导产业、科技园区、科技综合实力、农业生态环境、风险企业投资价值等方面的评估，体现出很好的应用价值。①

3. 基于三角白化权函数的灰色评估模型

三角白化权函数的灰色评估模型包括基于端点三角白化权函数的灰色评估模型和基于中心点三角白化权函数的灰色评估模型。相对而言，端点三角白化权函数是一种更基础的评估模型，符合研究的基本需要，得到的结论也是可靠、科学的。② 因此，本书选择端点三角白化权函数的灰色评估模型作为评价方法。基于端点三角白化权函数的灰色评估模型的具体计算步骤如下。③

设有 n 个对象，m 个评估指标，s 个不同的灰类，对象 i 关于指标 j 的样本观测值为 x_{ij}，$i = 1$，2，$\cdots$，n；$j = 1$，2，$\cdots$，m，这里要根据 x_{ij} 的值对相应的对象 i 进行分析、评价。

第 1 步：根据评价要求所需划分的灰类数 s，相应地将各个指标的取值范围也划分为 s 个灰类，例如，将 j 指标的取值范围 $[a_1, a_{s+1}]$ 划分为：

---

① Sifeng Liu, Yingjie Yang, Zhigeng Fang, Naiming Xie. Grey cluster evaluation models based on mixed triangular whitenization weight functions [J]. Grey Systems：Theory and Application, 2015, 5 (3)：410 – 418.

② Sifeng Liu, Li Yin. Grey Information [M]. Spring Berlin, 2010：162 – 164.

③ 刘思锋，党耀国，方志耕，谢乃明. 灰色系统理论及其应用 [M]. 北京：科学出版社，2010：118 – 133.

$$[a_1, \ a_2], \ \cdots, \ [a_{k-1}, \ a_k], \ \cdots, \ [a_{s-1}, \ a_s], \ [a_s, \ a_{s+1}]$$

其中，$a_k(k=1, \ 2, \ \cdots, \ s, \ s+1)$ 的值可根据实际情况要求或者定性研究结果确定。

第 2 步：令 $\lambda_k = (a_k + a_{k+1})/2$ 属于第 k 个灰类的白化权函数值为 1，连接 $(\lambda_k, \ 1)$ 与第 $k-1$ 个灰类的起点 a_{k-1} 和第 $k+1$ 个灰类的终点 a_{k+2}，得到 j 指标关于 k 灰类的三角白化权函数 $f_j^k(\ \cdot\ )$，$j=1$，$2, \ \cdots; \ m; \ k=1, \ 2, \ \cdots, \ s$。对于 $f_j^1(\ \cdot\ )$ 和 $f_j^s(\ \cdot\ )$，可分别将 j 指标取数域向左、右延拓至 a_0，a_{s+2}（见图 7-1）。

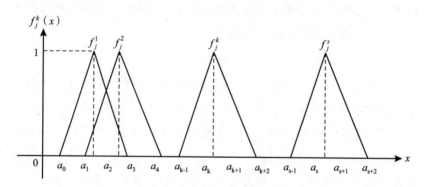

图 7-1 端点三角白化权函数

对于指标 j 的一个观测值 x，可由公式：

$$f_j^k(x) = \begin{cases} 0 & x \notin [a_{k-1}, \ a_{k+2}] \\[2mm] \dfrac{x - a_{k-1}}{\lambda_k - a_{k-1}} & x \in [a_{k-1}, \ \lambda_k] \\[4mm] \dfrac{a_{k+2} - x}{a_{k+2} - \lambda_k} & x \in [\lambda_k, \ a_{k+2}] \end{cases} \qquad (7.1)$$

计算出其属于灰类 $k(k=1, \ 2, \ \cdots, \ s)$ 的隶属度 $f_j^k(x)$。

第 3 步：计算对象 $i(i=1, \ 2, \ \cdots, \ n)$ 关于灰类 $k(k=1, \ 2, \ \cdots, \ s)$ 的综合聚类系数 σ_i^k：

$$\sigma_i^k = \sum_{j=1}^{m} f_j^k(x_{ij}) \cdot \eta_j \qquad (7.2)$$

其中 $f_j^k(x_{ij})$ 为 j 指标 k 子类白化权函数，η_j 为指标 j 在综合聚类中的权重。

第 4 步：由 $\max\limits_{1 \leqslant k \leqslant s}\{\sigma_i^k\} = \sigma_i^{k^*}$，判断对象 i 属于灰类 k^*；当有多个对象同属于 k^* 灰类时，还可以进一步根据综合聚类系数的大小确定同属于 k^* 灰类之各个对象的优劣或位次。

7.2　影响专利实施战略联盟绩效的主要因素

专利实施战略联盟是由多个组织构成的创新合作体系，因此影响联盟创新绩效的因素也是多种多样的，但根本上还是要看对联盟创新目标——合作专利实施有着重要影响作用的因素是什么。这可以从两个方面来分析，一方面是外部的组织之间合作、协同因素，另一方面是核心组织内部的能力因素。

7.2.1　联盟组织的合作水平

当今科技、经济、社会的发展大都以合作为基础，从宽泛的视角看，人类社会基于"共识决策"（Consensus Decision – Making）而展开合作、建立联盟，依靠一致行动谋求合作利益最大化。[①] 具体到专利实施战略联盟，合作水平高低是联盟创新绩效好坏的核心层面——合作水平越高则联盟创新绩效越佳，合作水平越低则联盟创新绩效越差。作为影响联盟专利实施的创新活动绩效的关键因素，联盟组织的合作水平包括组织边界开放度、组织间信任程度、组织资源互补度、组织交流沟通度四个子因素。

1. 组织边界开放度

专利实施战略联盟打破了传统封闭式的创新模式，是一种开放式

---

① 黄少安，张苏. 人类的合作及其演进研究［M］. 中国社会科学，2013（7）：77 – 89.

的创新系统，联盟组织的边界是可以渗透的，与外部环境进行资源交换。企业作为联盟的核心组织吸收来自其他组织的知识、创意、市场信息、研发技术、有利政策等资源，加快专利开发与商业化；其他组织也可以获得企业创新成果带来的收益。组织边界的开放度决定了创新资源的可获性，关系到企业多渠道获得互补性资源以及降低交易成本和风险的机会。① 组织边界开放度越高，组织间资源互动就越强，组织合作创新产生的收益也就越多。

2. 组织间信任程度

联盟组织之间的信任构成了合作关系的基础，本质上是合作伙伴对未来行为的承诺，这种承诺可以由彼此的默契达成，也可以由公开约定来规范。尽管联盟组织可以通过订立正式契约来产生约束，然而很难有协议或契约能够完备而清楚地规范合作各方所有的行为，这时信任在合作关系中扮演着重要角色。② 信任的形成与提升依靠联盟组织间持续互惠和强联系，产生分享资源的基础。联盟组织若疏于联系和只顾自己的利益，则导致信任缺失，使得联盟的合作关系解体，创新绩效归零；而组织间经常互动并考虑对方利益诉求，则信任度增加，对合作关系有很大的促进作用，带动联盟组织建立共同愿景，强化知识、信息、技术等资源的共享，提升联盟的创新绩效。

3. 组织资源互补度

传统的专利技术创新与实施往往立足于企业内部，依靠企业现有资源进行创新活动，其局限在于没有从战略上在企业外部的更大范围内形成联结机制来获得和利用资源，也就无法发挥合作关系带来的创新规模经济效应和范围经济效应。与之相反，专利实施战略联盟中的

---

① 屠兴勇. 知识视角的组织：概念、边界及研究主题 [J]. 科学学研究，2012，30（9）：1378 - 1387.

② 潘镇，李晏墅. 联盟中的信任——一项中国情景下的实证研究 [J]. 中国工业经济，2008（4）：44 - 54.

核心企业通过外部连接机制来获取资源，突破企业自身资源能力的局限。由于专利实施是一个从知识到技术再到市场价值的创造过程，所以需要多样化的互补性资源，如来自学研机构的知识资源、伙伴企业的技术资源、创新激励的政策资源、中介机构的市场资源，所以资源的互补性越高，专利实施的效率就越高。

4. 组织交流沟通度

客观上，专利实施战略联盟组织的创新目标、组织特性、资源储备、组织文化等方面存在差异，合作过程中难免产生冲突，影响资源的流动。沟通是组织间成功进行资源交换的重要元素，精心设计的合作关系如果缺少高频的良性沟通也达不到预期的资源互补效果。有效的沟通立足于更多、更高水平、更开放的沟通，同时还要考量关系结构、合作关系治理机制以及沟通模式。① 多维度的沟通为协调组织目标、融合组织资源、消除文化差异打开通路，搭建起从资源顺利交换到创新绩效增加的桥梁。

7.2.2　联盟组织的协同性

组织间的协同是为了获得"1 + 1 + 1 > 3"的协同效应。专利实施战略联盟组织的协同性是影响联盟创新绩效的重要方面，受到目标协同性、资源协同性、激励协同性等因素的影响。

1. 目标协同性

专利实施战略联盟是由企业、高校、研究机构、政府相关部门、中介机构等不同组织构成的，组织的异质性决定了他们的目标不尽相同，而目标的错位会制约合作创新绩效。将不同组织目标协同起来是应对这一问题的途径。目标协同有利于实现联盟价值最大化，因为一

---

① 高维和，刘勇. 协同沟通与企业绩效：承诺的中介作用与治理机制的调节作用[J]. 管理世界，2010（11）：76 - 93.

致的目标有利于各个组织利益趋同，从而加大资源投入力度和相互学习力度，使异质性资源相结合进而转化为创新能力。此外，目标协同还有利于防范机会主义行为，从而减小联盟组织合作创新风险。在利益最大化和风险最小化的协同目标驱动下，联盟组织具有更强的合作创新动能。

2. 资源协同性

在专利实施战略联盟中，核心企业以更开放的边界促使外部资源和企业资源之间交互流动，资源的协同性意味着企业吸收联盟中合作组织的资源后，产生输出方和接收方的资源整合利用的协同效应。在此情况下，资源在交互和转移中得到有限扩充，双方对该资源的占有因为交互而增加。① 资源在组织间的转移使用体现出资源动态性的特点，伴随着资源的协同性流动，联盟组织的合作程度不断加深。

3. 激励协同性

激励协同是在专利实施战略联盟中通过协调各个创新主体的利益、动机、行为，激发他们资源投入的动力和能量，加速从知识到专利技术研发再到专利产业化的资源投入过程。激励可分为内部激励和外部激励，内部和外部相结合的协同激励能提高主体满意度和绩效。② 联盟组织通过建立激励信息平台和激励管理模式，将内部激励和外部激励协调起来，实现提高联盟合作创新绩效的目标。

7.2.3 核心组织的创新能力

专利实施战略联盟以企业为核心组织，因为企业具有重要的创新

---

① 傅荣. 协同性资源交互的神经网络模型与仿真 [J]. 系统工程理论与实践，2003 (7)：24 – 29.

② A Teresa. Motivational Synergy [J]. Human Resources Management Review，1993，3 (7)：185 – 201.

能力，包括知识管理能力、资源整合能力、创新协调能力，这些能力既影响到企业创新绩效，也影响到联盟的创新绩效。

1. 知识管理能力

在本书的界定中，新知识的获取及创造是专利实施的起点，通过共享知识实现知识向专利技术的转化是专利实施的中间过程，将新知识含量高的专利应用到新产品中实现市场价值是专利实施的终点。因而，企业作为专利实施战略联盟的核心组织，其围绕知识获取、共享、应用的知识管理能力非常重要。知识获取是将联盟中其他组织的知识集成到企业中。[①]知识共享是企业与联盟伙伴分享、利用知识获得创新的规模效应。知识应用是把创新知识转化为专利技术产品，从而产生市场价值。由这三者综合而成的知识管理能力的高低影响着知识创新绩效的好坏。

2. 资源整合能力

专利实施是一项复杂的创新活动，对资源运用有着很高的要求，企业作为专利实施战略联盟核心成员，要能整合来自联盟伙伴的多样化互补性资源，例如来自大学、研究机构的知识资源，来自伙伴企业的技术资源，来自政府部门的政策资源，来自中介机构的信息资源等。资源整合能力对联盟创新绩效的影响很大程度上源于联盟组织的社会资本。联盟本身实际上是一个社会网络，每个联盟组织嵌入到网络中而积累起的信任、规范就是社会资本；具体到企业而言，其社会资本标志着企业获取资源的能力。[②] 因此，企业的社会资本对企业资源整合能力有明显影响，进而影响着联盟创新绩效。

---

①② S Joonmo. Organizational Social Capital and Generalized Trust in Korea [J]. American Behavioral Scientist, 2015, 59 (8): 1007 – 1023.

3. 创新协调能力

专利实施是一种跨组织的创新活动，组织间的协调管理对创新绩效影响显著。居于专利实施战略联盟核心位置的企业要具有良好的创新协调能力，才能与其他组织长期合作，持续开展专利技术的研发与应用。企业创新协调能力包括战略协调、组织协调、文化协调等方面。[①] 企业加强整体协调能力，处理好组织间战略方向匹配、组织目标对接、文化差异融合等关键问题，有利于联盟整体创新能力的发展和创新绩效的提升。

7.3 专利实施战略联盟绩效评价体系

综合上述分析，本书建立起专利实施战略联盟创新绩效评价指标体系（见图 7-2）。

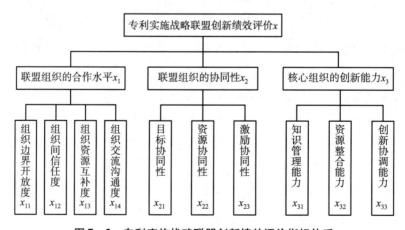

图 7-2 专利实施战略联盟创新绩效评价指标体系

---

① B Laperche. How to Coordinate the Networked Enterprise in a Context of Open Innovation? A New Function for IPR [J]. Journal of the Knowledge Economy, 2012, 3 (4): 354-371.

需要说明的是，由于本书对专利实施战略联盟创新绩效评价采用的是灰色聚类评估方法，按照该方法的基本流程，这里将各评价指标设为：目标层是专利实施战略联盟创新绩效评价（x）；准则层包括联盟组织的合作水平（x_1），联盟组织的协同性（x_2），核心组织的创新能力（x_3）；指标层包括组织边界开放度（x_{11}），组织间信任度（x_{12}），组织资源互补度（x_{13}），组织交流沟通度（x_{14}），目标协同性（x_{21}），资源协同性（x_{22}），激励协同性（x_{23}），知识管理能力（x_{31}），资源整合能力（x_{32}），创新协调能力（x_{33}）。这样，方便下面的计算以得出评价结论。

7.4 对专利实施战略联盟绩效的评价

结合之前介绍的灰色聚类评估的三角白化权函数，这里运用该方法来分析和计算专利实施战略联盟的绩效并作出评价，具体步骤和算法如下。

7.4.1 确定灰类、取值范围及白化权函数

1. 确定评价指标灰类

根据对专利实施战略联盟评价的要求，为了准确地作出评价，这里采用 5 个评价灰类，灰类序号为 $k(k=1，2，3，4，5)$，分别表示"劣"、"差"、"中"、"良"、"优"，根据专家意见，各项指标所属灰类确定如表 7-1 所示。

表 7-1 　　　　　　　　　　　　　评价指标灰类

准则	指标	劣	差	中	良	优
联盟组织的合作创新水平 x_1	1. 组织边界开放度（x_{11}）	$1.0 \leqslant x_{11}^1 < 3.0$	$3.0 \leqslant x_{11}^2 < 3.5$	$3.5 \leqslant x_{11}^3 < 4.0$	$4.0 \leqslant x_{11}^4 < 4.5$	$4.5 \leqslant x_{11}^5 < 5$
	2. 组织间信任度（x_{12}）	$1.0 \leqslant x_{12}^1 < 3.0$	$3.0 \leqslant x_{12}^2 < 3.5$	$3.5 \leqslant x_{12}^3 < 4.0$	$4.0 \leqslant x_{12}^4 < 4.5$	$4.5 \leqslant x_{12}^5 < 5$
	3. 组织资源互补度（x_{13}）	$1.0 \leqslant x_{13}^1 < 3.0$	$3.0 \leqslant x_{13}^2 < 3.5$	$3.5 \leqslant x_{13}^3 < 4.0$	$4.0 \leqslant x_{13}^4 < 4.5$	$4.5 \leqslant x_{13}^5 < 5$
	4. 组织交流沟通度（x_{14}）	$1.0 \leqslant x_{14}^1 < 3.0$	$3.0 \leqslant x_{14}^2 < 3.5$	$3.5 \leqslant x_{14}^3 < 4.0$	$4.0 \leqslant x_{14}^4 < 4.5$	$4.5 \leqslant x_{14}^5 < 5$
联盟组织的协同性 x_2	5. 目标协同性（x_{21}）	$1.0 \leqslant x_{21}^1 < 3.0$	$3.0 \leqslant x_{21}^2 < 3.5$	$3.5 \leqslant x_{21}^3 < 4.0$	$4.0 \leqslant x_{21}^4 < 4.5$	$4.5 \leqslant x_{21}^5 < 5$
	6. 资源协同性（x_{22}）	$1.0 \leqslant x_{22}^1 < 3.0$	$3.0 \leqslant x_{22}^2 < 3.5$	$3.5 \leqslant x_{22}^3 < 4.0$	$4.0 \leqslant x_{22}^4 < 4.5$	$4.5 \leqslant x_{22}^5 < 5$
	7. 激励协同性（x_{23}）	$1.0 \leqslant x_{23}^1 < 3.0$	$3.0 \leqslant x_{23}^2 < 3.5$	$3.5 \leqslant x_{23}^3 < 4.0$	$4.0 \leqslant x_{23}^4 < 4.5$	$4.5 \leqslant x_{23}^5 < 5$
核心组织的创新能力 x_3	8. 知识管理能力（x_{31}）	$1.0 \leqslant x_{31}^1 < 3.0$	$3.0 \leqslant x_{31}^2 < 3.5$	$3.5 \leqslant x_{31}^3 < 4.0$	$4.0 \leqslant x_{31}^4 < 4.5$	$4.5 \leqslant x_{31}^5 < 5$
	9. 资源整合能力（x_{32}）	$1.0 \leqslant x_{32}^1 < 3.0$	$3.0 \leqslant x_{32}^2 < 3.5$	$3.5 \leqslant x_{32}^3 < 4.0$	$4.0 \leqslant x_{32}^4 < 4.5$	$4.5 \leqslant x_{32}^5 < 5$
	10. 创新协调能力（x_{33}）	$1.0 \leqslant x_{33}^1 < 3.0$	$3.0 \leqslant x_{33}^2 < 3.5$	$3.5 \leqslant x_{33}^3 < 4.0$	$4.0 \leqslant x_{33}^4 < 4.5$	$4.5 \leqslant x_{33}^5 < 5$

延拓前的小区间链为：

$[1, 3.5)$，$[3, 3.5)$，$[3.5, 4)$，$[4, 4.5)$，$[4.5, 5)$

2. 评价指标取数域延拓

通过与研究对象沟通接洽后，本书对一个以企业为核心的专利实施战略联盟进行了绩效评价，由专家结合评价指标评分，并根据灰色聚类评估方法，对每个联盟的绩效评价进行了计算。为了切实反映评价过程，以绩效评价计算过程为例，做如下算例：

从指标灰类设置的实际情况出发，对从 x_{11} 到 x_{33} 的各指标加以延拓。对于 $f_j^1(\cdot)$ 和 $f_j^s(\cdot)$，可分别将 j 指标取数域向左、右延拓

至 a_0，a_{s+2}。将表 7 - 1 中的数据代入，计算得到两个端点的数值为：$a_0 = 0.75$，$a_{s+2} = 6$，如图 7 - 3 所示。

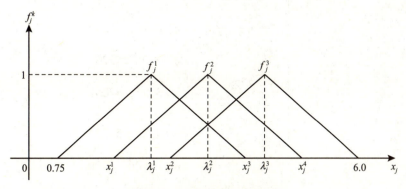

图 7 - 3　评价指标取数域延拓

延拓后的小区间链为：

$[0.75，3.75)$，$[2.25，4.25)$，$[2.75，4.75)$，$[3.25，5.25)$，$[4.00，6.00)$

3. 白化权函数

令 $\lambda_k = (a_k + a_{k+1})/2$ 属于第 k 个灰类的白化权函数值为 1，连接 $(\lambda_k，1)$ 与第 $k-1$ 个灰类的起点 a_{k-1} 和第 $k+1$ 个灰类的终点 a_{k+2}，得到 j 指标关于 k 灰类的三角白化权函数 $f_j^k(\cdot)$，（$j = 1，2，3\cdots10$；$k = 1，2，3，4，5$）如下：

$$f_j^1(x) = \begin{cases} 0, & x \notin [0.75，3.75] \\ \dfrac{x - 0.75}{2.25 - 0.75}, & x \in (0.75，2.25] \\ \dfrac{3.75 - x}{3.75 - 2.25}, & x \in (2.25，3.75) \end{cases} \qquad (7.3)$$

$$f_j^2(x) = \begin{cases} 0, & x \notin [2.25，4.25] \\ \dfrac{x - 2.25}{3.25 - 2.25}, & x \in (2.25，3.25] \\ \dfrac{4.25 - x}{4.25 - 3.25}, & x \in (3，25，4.25) \end{cases} \qquad (7.4)$$

$$f_j^3(x) = \begin{cases} 0, & x \notin [2.75, 4.75] \\ \dfrac{x - 2.25}{3.75 - 2.25}, & x \in (2.25, 3.75] \\ \dfrac{5.25 - x}{5.25 - 3.75}, & x \in (3.75, 5.25) \end{cases} \quad (7.5)$$

$$f_j^4(x) = \begin{cases} 0, & x \notin [3.25, 5.25] \\ \dfrac{x - 3.25}{4.25 - 3.25}, & x \in (3.25, 4.25] \\ \dfrac{5.25 - x}{5.25 - 4.25}, & x \in (4.25, 5.25) \end{cases} \quad (7.6)$$

$$f_j^5(x) = \begin{cases} 0, & x \notin [4.00, 6.00] \\ \dfrac{x - 4.00}{5.00 - 4.00}, & x \in (4.00, 5.00] \\ \dfrac{6.00 - x}{6.00 - 5.00}, & x \in (5.00, 6.00) \end{cases} \quad (7.7)$$

依照上述算法，将相关数据代入式（7.1），得到各指标白化权聚类系数（见表7－2）。

表7－2 各指标白化权聚类系数

代号	x_{11}	x_{12}	x_{13}	x_{14}	x_{21}	x_{22}	x_{23}	x_{31}	x_{32}	x_{33}
x_{ij}^1	0	0.200	0	0.20	0	0	0	0	0	0
x_{ij}^2	0.65	0.950	0.75	0.95	0	0	0.65	0.75	0.25	0
x_{ij}^3	0.85	0.550	0.750	0.55	0.450	0.35	0.85	0.75	0.75	0.350
x_{ij}^4	0.35	0.050	0.250	0.05	0.950	0.85	0.35	0.25	0.75	0.850
x_{ij}^5	0.000	0	0	0	0.367	0.433	0	0	0.127	0.433

7.4.2 指标权重的确定

根据评价指标体系确定的层次和评价指标的灰类，通过专家调查，构造判断矩阵，计算获得各层次指标权重（见表7－3～表7－5）。

表 7－3　　　　　　　　　联盟组织的合作水平指标权重

指标	联盟组织的合作水平 x_1（权重 0.40）			
	x_{11}	x_{12}	x_{13}	x_{14}
层次权重	0.10	0.10	0.12	0.08
指标内子权重	0.25	0.25	0.30	0.20

表 7－4　　　　　　　　　联盟组织的协同性指标权重

指标	联盟组织的协同性 x_2（权重 0.35）		
	x_{21}	x_{22}	x_{23}
层次权重	0.12	0.13	0.10
指标内子权重	0.34	0.37	0.29

表 7－5　　　　　　　　　核心组织的创新能力指标权重

指标	核心组织的创新能力 x_3（权重 0.25）		
	x_{31}	x_{32}	x_{33}
层次权重	0.05	0.12	0.08
指标内子权重	0.20	0.48	0.32

7.4.3　专利实施战略联盟创新绩效综合聚类系数

利用式（7.2）$\sigma_i^k = \sum\limits_{j=1}^{m} f_j^k(x_{ij}) \cdot \eta_j$，计算各指标白化权聚类综合系数 σ_i^k，得到专利实施战略联盟创新绩效的综合聚类系数如表 7－6所示。

表 7－6　　　专利实施战略联盟创新绩效综合聚类系数

代号	σ_i^1	σ_i^2	σ_i^3	σ_i^4	σ_i^5
x_1	0	0.185	0.685	0.815	0.090
x_2	0.285	0.739	0.529	0.1885	0
x_3	0.219	0.682	0.622	0.27	0
x	0.154	0.503	0.615	0.459	0.036

7.4.4 评价结果

根据 $\max\limits_{1 \le k \le 5}\{\sigma_i^k\} = 0.615 = \sigma_i^3$，可以看出该专利实施战略联盟创新绩效整体评价结果为"中"，准则层里的联盟组织的合作创新水平为"中"，联盟组织的协同性为"良"，核心组织的创新能力为"良"。

由上述结果可以看出，该专利实施战略联盟的整体创新绩效还有待提高，这要从联盟组织的合作创新、联盟组织之间的相互协同、核心组织的创新能力着手，而其中组织的合作创新水平又是重中之重。从更具体的因素层面看，组织合作创新水平受到组织边界开放度、组织间信任度、组织资源互补度、组织交流沟通程度等多个因素影响。联盟合作组织，如企业、大学、科研机构、相关政府部门、市场中介机构等，要进一步打开组织边界，增加组织间的信任、促进组织间的资源互补，增强彼此之间的交流和沟通。同时，联盟组织在目标协同、资源协同、激励协同方面还有提升的空间，加强组织间的协同也是很有必要的。另外，企业作为专利实施战略联盟的核心组织，还要从知识管理能力、资源整合能力、协调创新能力角度改进工作，提高能力。总之，专利实施战略联盟的创新绩效要依靠联盟组织的共同努力，既要发挥核心组织的作用，又要各个组织间加强合作与协同。

7.5 本章小结

本章运用灰色聚类评估方法对专利实施战略联盟的创新绩效加以评价，首先阐述了基本评价思路与过程；然后建立起评价指标体系，包括准则层的联盟组织合作创新水平、联盟组织协同性、核心组织创新能力，以及指标层的组织边界开放度、组织间信任度、组织资源互补度、组织交流沟通程度、组织目标协同、资源协同、激励协同、核心组织知识管理能力、资源整合能力、创新协调能力等多个因素；进而采用灰色聚类评估方法中的白化权三角函数，结合专家意见评分，对某个专利实施战略联盟创新绩效指标因素所属的灰类进行计算，从而做出评价。得出的结果是：该联盟整体创新绩效为"中"，联盟组织的合作创新水平为"中"，联盟组织的协同性为"良"，核心组织的创新能力为"良"。评价结果为改进联盟创新绩效、提高专利实施效率提供了思路和依据。

第 8 章

总结与展望

本章对整个研究内容进行总结，回顾、概括主要的研究结论，分析和指出本书存在的不足之处，并对未来的研究加以展望。

8.1　本书的主要结论与贡献

本书从现实条件和理论基础出发，认为专利实施是从专利成果向商品的"惊险一跳"，常面临着市场失灵的风险，这种风险导致企业、高校、研究机构等专利所有者的专利实施效率降低；市场失灵意味着单靠市场机制不能实现资源的最优配置；战略联盟作为介于企业和市场的一种中间形式，能为有效的专利实施提供思路。基于此，本书首先从组织之间的合作关系出发，分析组织合作创新与专利实施之间的联系，厘清专利实施的复杂性机理，由此提出通过战略联盟的合作方式应对专利实施的复杂性；其次构建企业、大学、研究院所、政府、中介机构等组织组成的专利实施战略联盟，分析其特点和类型；再次建立专利实施战略联盟的理论模型，探讨影响联盟构建影响因素并通过问卷调查、统计分析进行实证研究；进而阐述专利实施战略联盟的协同机制，进行案例研究；最后评价专利实施战略联盟的创新绩效。具体结论要点及贡献如下：

（1）解析了组织合作专利实施的属性和内在机理。从组织合作创新的复杂性入手，基于市场驱动下的专利实施本质属性，提出了"知识创造—技术创新—价值实现"的专利实施基本过程；细致分析了组织合作创新与专利实施的关系，认为组织合作创新的复杂性推动着专利实施活动的发展；在复杂适应系统理论下解析专利实施的机理，发现联盟关系对专利实施复杂系统组织的相互适应和资源整合利用非常有益。因此，从系统的角度看，为提升专利实施效率，合作专利实施组织需要建立战略性的专利实施联盟。

（2）构建了专利实施战略联盟的理论框架。从战略联盟角度出发，对我国创新驱动发展中的难点——专利实施问题提出了一个新的思路，这就是建立专利实施战略联盟。在开放式创新背景下，联盟的构建有利于企业、大学、研究机构等专利实施主体之间，以及他们同政府、中介机构之间建立信任与合作关系，积累社会资本，实现资源共享和协同行动，从而在专利实施活动中降低成本，提高效率。从理论上初步探讨了专利实施战略联盟的概念、特点，并构建立起联盟的基本框架，对联盟类型进行了划分，并通过理论联系实践的分析，以及建立企业核心能力判断的指标体系，运用模糊层次综合评价法进行算例演算，明确了企业居于专利实施战略联盟的首要位置，从而确定了选择以企业为中心的联盟作为主要研究对象。

（3）建立起专利实施战略联盟构建影响因素的理论模型。从专利实施基本过程、合作组织特征、合作组织间关系、组织外部环境等四个方面分析了构建专利实施战略联盟影响因素的来源，进而从中提炼和识别出最为重要的三个影响因素：知识因素、技术因素、价值因素。由理论分析提出这些影响因素同专利实施战略联盟构建的关系：知识因素与技术因素直接相关；知识因素与价值因素直接相关；技术因素与价值因素直接相关；知识因素对专利实施战略联盟构建有积极影响；技术因素对专利实施战略联盟构建有积极影响；价值因素对专利实施战略联盟构建有积极影响；价值因素在知识因素和联盟构建之间起着中介作用；价值因素在技术因素和联盟构建之间起着中介作用。在此基础上，建立起专利实施战略联盟构建影响因素的理论模型。

（4）对模型中的理论假设进行了实证检验。选择基于统计的实证研究方法并以此为指导进行实证研究设计，包括界定变量、设计测量指标、制作调查问卷；然后收集与整理数据，分析样本情况，运用SPSS 统计软件做样本的描述性统计分析和信度效度分析；利用结构方程模型原理和 AMOS 软件对理论假设进行检验；最后验证了理论模型。

（5）阐述了联盟组织协同专利实施机制并做了相应案例研究。针对新兴产业知识技术密集的特征，基于专利实施作为系统性创新活动呼唤组织合作的基本要求，结合协同理论、混合组织模式、三螺旋机制、合作利益模型等理论成果，阐述了异质组织间目标协同、资源协同、激励协同的三位一体协同机制，为组织合作专利实施提供了新的理论思考。通过长安新能源汽车公司、宇通客车公司的案例研究对协同机制中主体间的协同关系进行了案例实证分析，验证了本章提出的专利实施战略联盟组织合作专利实施的 O – R – M 协同机制架构，并进一步提炼了专利实施战略联盟组织的创新生态系统理论。

（6）对专利实施战略联盟的创新绩效进行了评价。运用灰色聚类评估方法对专利实施战略联盟的创新绩效加以评价，建立起评价指标体系，采用灰色聚类评估方法中的白化权三角函数，结合专家意见评分，对某个专利实施战略联盟创新绩效指标因素所属的灰类进行计算，从而做出评价。评价结果为改进联盟创新绩效、提高专利实施效率提供了思路和依据。

8.2　本书创新之处

本书的创新点包括如下几个方面：

（1）本书从组织合作创新的视角入手，基于市场驱动下的专利实施本质属性，提出了"知识创造—技术创新—价值实现"的专利实施基本过程；分析了组织合作创新与专利实施的关系，在复杂适应系统理论下解析了专利实施的机理，分析了建立专利实施联盟的必要性。

（2）本书建立了专利实施战略联盟构建影响因素的理论模型。从专利实施基本过程、合作组织特征、合作组织间关系、组织外部环境等四个方面分析了构建专利实施战略联盟影响因素的来源，进而从中提炼和识别出最为重要的三个影响因素：知识因素、技术因素、价值因素。本书分析了这些影响因素同专利实施战略联盟构建的关系，建立了专利实施战略联盟构建影响因素的理论模型，并在此基础上进行了实证研究。

（3）本书提出了专利实施战略联盟运作的协同机制，即 O－R－M（目标—资源—激励）协同机制，结合协同理论、混合组织模式、三螺旋机制、合作利益模型等现有理论，阐述了组织之间目标协同、资源协同、激励协同的三位一体的协同机制，通过长安新能源汽车公司、宇通客车公司的案例研究对协同机制中主体间的协同关系进行了案例实证分析。

（4）本书运用灰色聚类评估法对专利实施战略联盟的创新绩效进行了评价。建立了专利实施战略联盟的创新绩效评价指标体系，采用灰色聚类评估方法中的白化权三角函数，结合专家意见评分，对专利实施战略联盟创新绩效指标因素所属的灰类进行了实例计算并做出评价，从而为提高专利实施效率提供思路和依据。

8.3　研究不足及展望

由于专利实施战略联盟是创新管理领域中的一个新课题，国内外关于专利实施的研究发展程度不高，相关理论基础的文献资料尚不够丰富，这无疑对构建一个完善的新理论框架呈现出相当的挑战性。再加上笔者自身知识储备和研究能力有限，同时局限于内部和外部的研究环境、条件，整个研究难免存在各种问题与不足，所构建的理论框架、创新观点和使用的方法有待进一步通过实践来完善。概括起来，主要有以下几个方面：

（1）理论框架的建立往往要考虑多种影响因素，有着不同的视角或切入点。本书是从专利实施的过程，即从知识创造到专利技术创新再到专利商品化、产业化从而转为市场价值的流程着眼来做研究，分析知识因素、技术因素、价值因素对不同组织建立战略联盟关系以提高专利实施效率的影响。这样分析的影响因素有一定局限性，视角也不多样化，对于全面理解和应对专利实施问题，以及拓展更广泛的联盟组织合作关系推进专利实施而言，还有进一步研究的空间。

（2）本书立足于以企业为中心的专利实施战略联盟，而由于联盟组织的多元性，在不同条件下或不同阶段中，也会有以高校、研究机构、政府部门或市场其他组织为中心的联盟形态，这在本书中没有涉及，是今后研究应该关注的。

（3）实证研究中定量研究的样本数量虽大于 200 个，但对精细化研究而言，后续研究还要进一步扩大样本数量，以期获得更准确的结果。案例研究选取的两个企业有一定代表性，但随着专利实施的创新活动不断发展，应追踪更多的企业合作开展专利实施的实践活动，以得到最新的一手资料来提升研究。

（4）本书构建起了专利实施战略联盟的理论框架，分析了联盟组织的合作、协同关系，而联盟治理对专利实施战略联盟的绩效而言也是一个重要问题，同时也是一个需要花费大量时间精力研究的问题，本书局限于有效的条件还未对此展开研究，将之作为未来研究的方向。

附 录　调 查 问 卷

"基于组织合作创新的市场导向下的专利实施
战略联盟研究"调查问卷

尊敬的先生或女士：

您好！非常感谢您在百忙之中抽空参加本次问卷调查。

本问卷由四川大学商学院"基于组织合作创新的专利实施战略联盟研究"课题组设计，主要是为了分析企业与其他组织建立战略联盟式的合作关系来推动专利实施的影响因素，以便对之前提出的理论模型进行检验。

此次调查采取匿名填写的方式，所获得的信息仅供学术研究使用，课题组将严格遵守学术调研的规范要求，不会泄露任何与贵企业有关的内容。请您按照实际情况放心填写。

为了学术研究成果得到应用和感谢您的配合，课题组可以将调研分析和对策建议的成果提供给贵企业共享，为贵企业提升专利实施的创新效率尽微薄之力。

再次衷心谢谢您的时间和支持！

四川大学商学院"市场导向下的专利实施战略联盟研究"课题组

问卷制作：周全

电子邮箱：cncqzq@163.com

特别说明：

这里的"专利实施战略联盟"是指：企业等专利实施主体与相

关组织（包括其他企业、大学、研究院所、中介机构、政府部门等）为了有效进行专利实施，以市场为导向，依据"资源互通，优势互补，风险分担，利益共享"原则，通过合作与协同方式而建立的联盟型组织，目标是将专利商品化乃至产业化，以实现专利的经济价值和社会价值。

一、企业基本情况（本部分为单项选择题，请将您所选选项的字母编号填入括号）

1. 贵企业的基本性质是（　　　）

A. 民营企业　　　B. 国有企业　　　C. 独资企业　　　D. 合资企业

E. 其他性质企业

2. 贵企业所属的行业是（　　　）

A. 成品制造　　　B. 零部件生产　C. 信息传输　　　D. 技术服务

E. 其他类型行业

3. 贵企业成立的年限是（　　　）

A. 5 年及以下　　B. 6～10 年　　　C. 11～15 年　　　D. 16～20 年

E. 20 年以上

4. 贵企业员工的总数量是（　　　）

A. 300 人及以下　　　　　　　　B. 301～600 人

C. 601～900 人　　　　　　　　D. 901～1200 人

E. 1200 人以上

5. 贵企业的研发人员数量是（　　　）

A. 20 人及以下　　　　　　　　B. 21～40 人

C. 41～60 人　　　　　　　　　D. 61～100 人

E. 100 人以上

6. 贵企业近三年的年均销售收入约为（　　　）

A. 500 万元及以下　　　　　　B. 501 万～1000 万元

C. 1001 万～3000 万元　　　　D. 3001 万～5000 万元

E. 5000 万以上

7. 与贵企业保持创新合作关系的其他企业的数量是（　　　）

A. 5 个及以下　B. 6～10 个　　　C. 11～15 个　　D. 16～20 个

E. 20 个以上

8. 与贵企业保持创新合作关系的大专院校或研究机构数量是

（　　　）

A. 5 个及以下　B. 6～10 个　　　C. 11～15 个　　D. 16～20 个

E. 20 个以上

9. 与贵企业保持创新合作关系的其他类型组织（如中介机构、

政府相关部门）数量是（　　　）

A. 5 个及以下　B. 6～10 个　　　C. 11～15 个　　D. 16～20 个

E. 20 个以上

10. 您在贵企业担任的职务是（　　　）

A. 总经理　　　　B. 部门主管　　C. 片区经理　　　D. 研发人员

E. 其他职位

二、专利实施战略联盟构建影响因素（本部分为单项选择题，请在您认同选项的字母编号后打钩即可）

（一）知识因素

K1. 企业从合作伙伴那里获得知识以促进技术创新

A. 很不同意　　B. 不同意　　　C. 略不同意　　　D. 一般

E. 略微同意　　F. 同意　　　　G. 非常同意

K2. 组织间合作知识创造能产生价值创造所需新知识

A. 很不同意　　B. 不同意　　　C. 略不同意　　　D. 一般

E. 略微同意　　F. 同意　　　　G. 非常同意

K3. 知识资源嵌入在企业同其他组织相互作用所形成的社会网络中

A. 很不同意　　B. 不同意　　　C. 略不同意　　　D. 一般

E. 略微同意　　F. 同意　　　　G. 非常同意

K4. 企业同合作伙伴的知识分工、协作是必要的

A. 很不同意　　　B. 不同意　　　C. 略不同意　　　D. 一般

E. 略微同意　　　F. 同意　　　　G. 非常同意

（二）技术因素

T1. 专利技术的新颖度与市场需求度决定了其价值

A. 很不同意　　　B. 不同意　　　C. 略不同意　　　D. 一般

E. 略微同意　　　F. 同意　　　　G. 非常同意

T2. 企业寻求外部合作力量来推动技术创新、专利研发以提升价值创造

A. 很不同意　　　B. 不同意　　　C. 略不同意　　　D. 一般

E. 略微同意　　　F. 同意　　　　G. 非常同意

T3. 跨组织的技术集成创新促进了组织间合作

A. 很不同意　　　B. 不同意　　　C. 略不同意　　　D. 一般

E. 略微同意　　　F. 同意　　　　G. 非常同意

T4. 企业利用丰富的外部技术资源提高了创新绩效

A. 很不同意　　　B. 不同意　　　C. 略不同意　　　D. 一般

E. 略微同意　　　F. 同意　　　　G. 非常同意

（三）价值因素

V1. 价值在专利商业化过程中起着导向作用

A. 很不同意　　　B. 不同意　　　C. 略不同意　　　D. 一般

E. 略微同意　　　F. 同意　　　　G. 非常同意

V2. 专利价值实现的复杂性影响着组织合作的广度与深度

A. 很不同意　　　B. 不同意　　　C. 略不同意　　　D. 一般

E. 略微同意　　　F. 同意　　　　G. 非常同意

V3. 企业围绕专利价值的实现寻求与其他组织建立联盟伙伴关系

A. 很不同意　　　B. 不同意　　　C. 略不同意　　　D. 一般

E. 略微同意　　　F. 同意　　　　G. 非常同意

（四）在知识与联盟构建之间起中介作用的价值因素

KA1. 企业会从价值角度识别对专利实施有知识补益的伙伴组织

A. 很不同意　　B. 不同意　　C. 略不同意　　D. 一般

E. 略微同意　　F. 同意　　G. 非常同意

KA2. 企业能充分利用合作伙伴的知识来创新价值

A. 很不同意　　B. 不同意　　C. 略不同意　　D. 一般

E. 略微同意　　F. 同意　　G. 非常同意

KA3. 创新价值的实现及分配激励着组织间建立联盟

A. 很不同意　　B. 不同意　　C. 略不同意　　D. 一般

E. 略微同意　　F. 同意　　G. 非常同意

（五）在技术与联盟构建之间起中介作用的价值因素

TA1. 价值创造要求技术资源与其他资源互补

A. 很不同意　　B. 不同意　　C. 略不同意　　D. 一般

E. 略微同意　　F. 同意　　G. 非常同意

TA2. 企业谋求内部技术资源与外部社会网络资源的有机结合创造价值

A. 很不同意　　B. 不同意　　C. 略不同意　　D. 一般

E. 略微同意　　F. 同意　　G. 非常同意

TA3. 合作创造价值导向下，企业趋向于与其他组织联盟实现专利技术实施

A. 很不同意　　B. 不同意　　C. 略不同意　　D. 一般

E. 略微同意　　F. 同意　　G. 非常同意

三、专利实施战略联盟构建产生的合作创新效果（本部分为单项选择题，请在您认同选项的字母编号后打钩即可）

R1. 创新资源整合利用效率

A. 很低　　　　B. 低　　　　C. 较低　　　　D. 一般

E. 较高　　　　F. 高　　　　G. 很高

R2. 专利转化为产品的比例

A. 很低   B. 低   C. 较低   D. 一般

E. 较高   F. 高   G. 很高

R3. 专利商品化的规模收益

A. 很低   B. 低   C. 较低   D. 一般

E. 较高   F. 高   G. 很高

问卷到此结束，再次表示诚挚的感谢！

参 考 文 献

[1] A Halinen, A Salmi, V Havila. From Dyadic Change to Changing Business Networks: An Analytical Framework [J]. Journal of Management Studies, 1999, 36 (6): 779 – 794. the Network effect [J]. American Sociological Review. , 1996, 61 (4): 674 – 698.

[2] A Inkpen, E Tsang. Social Capital, Networks, and Knowledge Transfer [J]. Academy of Management Review, 2005, 30 (1): 146 – 165.

[3] A Inzelt. The Evolution of University Industry Government Relationships During Transition [J]. Research Policy, 2004 (33): 975 – 995.

[4] A Iyer, M Bergen. Quick response in manufacturer retailer channels [J]. Management Science, 1997, 43: 559 – 570.

[5] A Klossek. Why Do Strategic Alliances Persist? A Behavioral Decision Model [J]. Managerial and Decision Economics, 2015, 36 (7): 470 – 486.

[6] A Marcovich, T Shinn. From the Triple Helix to a Quadruple Helix? The Case of Dip – Pen Nanolithography [J]. Minerva, 2011, 49 (2): 175 – 190.

[7] A Petruzelli. The Impact of Technological Relatedness, Prior Ties, and Geographical Distance on University-Industry Collaborations: A Joint – Patent Analysis [J]. Technovation, 2011, 31 (7) .

［8］ A Seufert, G Krogh, A Bach. Towards knowledge networking ［J］. Journal of Knowledge Management, 1999, 3 (3): 180 – 190.

［9］ A Teresa. Motivational Synergy ［J］. Human Resources Management Review, 1993, 3 (7): 185 – 201.

［10］ A Wadhwa, S Kotha. Knowledge Creation Through External Venturing ［J］. Academy of Management Journal, 2006, 49 (4): 819 – 835.

［11］ A Yan, M Zeng. International joint venture instability: a critique of previous research, a reconceptualization, and directions for future research ［J］. Journal of International Business Studies, 1999, 30 (2): 397 – 414.

［12］ A Zaheer, Bell G. Benefiting from network position: Firm capabilities, structural holes, and performance ［J］. Strategic Management Journal, 2005, 26 (9): 809 – 825.

［13］ B Borys, D Jemison. Hybrid Arrangements as Strategic Alliances: Theoretical Issues in Organizational Combinations ［J］. Academy of Management Review, 1989, 14 (2): 234 – 249.

［14］ B Dyer, H Singh. The Relational View: Cooperative Strategy and Source of Interorganizational Competitive Advantage ［J］. Academy of Management Review, 1998, 23 (4): 660 – 679.

［15］ B Kogut. Joint ventures: theoretical and empirical perspectives ［J］. Strategic Management Journal, 1988, 9: 319 – 332.

［16］ B Laperche. How to Coordinate the Networked Enterprise in a Context of Open Innovation? A New Function for IPR ［J］. Journal of the Knowledge Economy, 2012, 3 (4): 354 – 371.

［17］ B Lichtenstein, D. Plowman. The leadership of emergence: A complex systems leadership theory of emergence at successive organizational levels ［J］. The Leadership Quarterly, 2009, 20 (4): 617 – 630.

［18］ B Mishra. Technology Innovations in Emerging Markets: An Analysis with Special Reference to Indian Economy ［J］. South Asian Journal of Management, 2007, 14 (4): 50 – 65.

［19］ B Tabachnick, L Fidell. Using Multivariate Statistics ［M］. MA: Allyn & Bacon, 2007: 715 – 721.

［20］ B Uzzi. The Sources and Consequences of Embeddedness for the Performance of Organization: the Network effect ［J］. American Sociological Review. , 1996, 61 (4): 674 – 698.

［21］ C Bello, R Lohtia, V Sangtani. An institutional analysis of supply chain innovations in global marketing channels ［J］. Industrial Marketing Management, 2004, 33 (1): 57 – 64.

［22］ C David, W Slocum, P Robert. Building Cooperative Advantage: Managing Strategic Alliances to Promote Organizational Learning ［J］ 1Journal of World Business, 1997, 32 (3): 203 – 2231.

［23］ C Inkpen. Learning, Knowledge Acquisition and Strategic Alliances ［J］. European Management Journal, 1998, 16 (2): 223 – 2291.

［24］ C Kang, S Morris. Relational Archetypes, Organizational Learning, and Value Creation: Extending the Human Resources Architecture ［J］. Academy of Management Review, 2007, 32 (1): 236 – 256.

［25］ C Medlin, J Aurifeilleb, P Quester. A Collaborative Interest model of Relational Coordination and Empirical Results ［J］. Journal of Business Research, 2005, 58 (2): 214 – 222.

［26］ C Mele, T Spena. Co-creating Value Innovation Through Resource Integration ［J］. International Journal of Quality and Service Sciences, 2010, 2 (1): 60 – 78.

［27］ C Mowery, Sampat N. University patents and patent policy debates in the USA, 1925 – 1980 ［J］. Industrial and Corporate Change, 2001, 10 (3): 781 – 814.

[28] C Welch, P Rebecca, P Emmanuella. Theorising from Case Studies: Towards a Pluralist Future for International Business Research [J]. Journal of International Business Studies, 2011, 42 (5): 740 – 762.

[29] C Wigley. Dispelling Three Myths about Likert Scales in Communication Trait Research [J]. Communication Research Reports, 2013, 30 (4): 366 – 372.

[30] D Anthony, C Edwin. How Organizations Learn: An Integrated Strategy for Building Learning Capability [M]. Josseyn bass, 1998.

[31] D Cooper, P Schindler 著，孙健敏 改编. 企业管理研究方法 [M]. 北京：中国人民大学出版社，2013：110 – 113.

[32] D Dougherty, D Dunne. Organizing Ecologies of Complex Innovation [J]. Organization Science, 2011, 22 (5): 1214 – 1223.

[33] D Elfenbein. Publications, patents, and the market for university inventions [J]. Journal of Economic Behavior& Organization, 2007, 63: 688 – 715.

[34] D Harhoff, E Mueller, J Reenen. What are the Channels for Technology Sourcing? [J]. Journal of Economics & Management Strategy, 2014, 23 (1): 204 – 224.

[35] D Ireland, A Michael. Alliance Management as a Source of Competitive Advantage [J]. Journal of Management, 2002, 28 (3): 413 – 446.

[36] D Joanna, Pierre C. Value Network Modeling and Simulation for Strategic Analysis: a Discrete Event Simulation Approach [J]. International Journal of Production Research, 2014, 52 (17): 5002 – 5020.

[37] D Lavie. Capture Value from Alliance Portfolios [J]. Organizational Dynamics, 2009, 38 (1): 26 – 36.

[38] D Lavie. Capture Value from Alliance Portfolios [J]. Organiza-

tional Dynamics, 2009, 38 (1): 26 – 36.

[39] D Lewis, A Weigert. Trust as A Social Reality [J]. Social Forces, 1985, 63 (4): 967 – 985.

[40] D Linus, G David. How Open Is Innovation? [J]. Research Policy, 2010, 39 (6): 699 – 709.

[41] D Sterman. Business Dynamics: Systems Thinking and Modeling for a Complex World [M]. Boston: McGraw Hill, 2002: 510 – 533.

[42] D Teece. Competition, cooperation, and innovation organizational arrangements for regimes of rapid technological progress [J]. Journal of Economic Behavior and Organization, 1992, 18 (1): 1 – 25.

[43] Dagnino, Padula. Coopetition Strategy: A New Kind of Inter-firm Dynamics for Value Creation [C]. Stockholm: The European Academy of Management Second Annual Conference-Innovative Research in Management, May 2002, 9 – 11.

[44] Das Teng. Resource and Risk Management in the Strategic Alliance Making Process [J]. Journal of Management, 1998, 24 (3): 21 – 42.

[45] Das Teng. Instabilities of Strategic Alliances: An Internal Tensions Perspective [J]. Organization Science, 2000 (11): 77 – 101.

[46] E Webster, P Jensen. Do Patents Matter for Commercialization? [J]. Journal of Law and Economics, 2011, 54 (5): 431 – 453.

[47] F Chaddad. Advancing The Theory of the Cooperative Organization: the Cooperative as a True Hybrid [J]. Annals of Public and Cooperative Economics, 2012, 83 (4): 445 – 461.

[48] G Atallah. Vertical R&D Spillovers, Cooperation, Market Structure, and Innovation [J].

[49] G Cavalheiro. Technology transfer from a knowing organisation perspective: an empirical study of the implementation of a European patent management system in Brazil [J]. World Review of Science, Technology

and Sustainable Development, 2015, 12 (2): 152 – 172.

[50] G Chrys. Reframing the Role of University in the Development of Regional Innovation System [J]. Journal of Technology Transfer, 2006, 31 (1): 101 – 113.

[51] G Dagnino, G Padula. Coopetition Strategy: A New Kind of Interfirm Dynamics for Value Creation [C]. Stockholm: Proceedings of the 2002 EURAM Conference, May 2002, 9 – 11.

[52] G Devi, M Ravindranath. Cooperative Networks and Competitive Dynamics: a Structural Embeddedness Perspective [J]. Academy of Management Review, 2001, 26 (3): 431 – 445.

[53] G Markman, D Siegel, M. Wright. Research and Technology Commercialization [J]. Journal of Management Studies, 2008, 45 (8): 1401 – 1423.

[54] G Stephen. On Validity Theory and Test Validation [J]. Educational Researcher, 2007 (8): 477 – 481.

[55] G Steurs. Inter-industry R&D spillovers: what difference do they make? [J]. International Journal of Industrial Organization, 1995, 13 (2): 249 – 276.

[56] G Vasudeva, J Anand. Unpacking Absorptive Capacity: a Study of Knowledge Utilization From Alliance Portfolios [J]. Academy of Management Journal, 2011, 54 (3): 611 – 623.

[57] H Anheier, G Krlev. Governance and Management of Hybrid Organizations [J]. International Studies of Management & Organization, 2015, 45 (3): 193 – 206.

[58] H Chesbrough, 金马译. 开放式创新：进行技术创新并从中赢利的新规则 [M]. 北京：清华大学出版社, 2005: 73 – 75.

[59] H Chesbrough. Open Innovation: the New Imperative for Creating and Profiting from Technology [M]. Boston: Harvard Business School

Press, 2003: 43.

[60] H Fusfeld, C Haklisch. Cooperative R&D for competitors [J]. Harvard Business Review, 1985, 63 (6): 60 – 76.

[61] H Reus, L Ranft, T Lamont. An Interpretive Systems View of Knowledge Investment [J]. Academy of Management Review, 2009, 34 (3): 382 – 400.

[62] H Ro. Moderator and Mediator Effects in Hospitality Research [J]. International Journal of Hospitality Management, 2012, 31 (3): 952 – 961.

[63] H Zhang, C Shu, X Jiang, A Malter. Managing Knowledge for Innovation: The Role of Cooperation, Competition, and Alliance Nationality [J]. Journal of International Marketing, 2010, 18 (4): 74 – 94.

[64] I Feller, M Feldman. The Coomercialization of Academic Patents: Black boxes, pipelines, and Rubik's Cubes [J]. Journal of Technology Transfer, 2010, 35 (6): 597 – 616.

[65] I Nonaka. The Knowledge Creating Company [J]. Harvard Business Review, 1991, 69 (6): 96 – 104.

[66] J Barney, M Hansen. Trustworthiness as A Source of Competitive Advantage [J]. Strategic Management Journal, 1994, 15 (1): 175 – 190.

[67] J Battilana, S Dorado. Building Sustainable Hybrid Organizations: The Case of Commercial Microfinance Organizations [J]. Academy of Management Journal, 2010, 53 (6): 1419 – 1440.

[68] J Beckmann. Networks in Action: Economic models of knowledge networks [M]. Berlin: Springer – Verlag, 1995.

[69] J Bercovitz, et al. Organizational structure as a determinant of academic patent and licensing behavior: An exploratory study of Duke, Johns Hopkins, and Pennsylvania State Universities [J]. Journal of Tech-

nology Transfer, 2001 (26): 21 – 35.

［70］ J Collins. Social Capital as a Conduit for Alliance Portfolio Diversity ［J］. Journal of Managerial Issues, 2013, 25 (1): 62 – 78.

［71］ J Dyer, H Singh. The Relational View: Cooperative Strategy and Source of Interorganizational Competitive Advantage ［J］. Academy of Management Review, 1998, 23 (4): 660 – 679.

［72］ J Holland. Hidden Order: How Adaptation Builds Complexity ［M］. Addison – Wesley Publishing, 1995: 6 – 29.

［73］ J Holland. Studying Complex Adaptive Systems ［J］. Journal of Systems Science & Complexity, 2006, 19 (1): 1 – 8.

［74］ J Jordan. Controlling Knowledge Flows in International Alliances ［J］. European Business Journal, 2004 (6): 70 – 78.

［75］ J Lerner. 150 years of patent protection ［J］. The American Economic Review, 2002, 92 (2): 221 – 240 .

［76］ J Lewis. Partnerships for Profit-structuring and Management Strategic Alliances ［M］ 1New York: The Free Press, 1990: 194 – 201.

［77］ J Rowley. Designing and Using Research Questionnaires ［J］. Management Research Review, 2014, 37 (3): 308 – 330.

［78］ J Stevens. Applied Multivariate Statistics for the Social Science ［M］. New York: Lawrence Press, 2002: 52 – 53.

［79］ J Wonglimpiyarat. Commercialization strategies of technology: lessons from Silicon Valley ［J］. The Journal of Technology Transfer, 2010, 35 (2): 225 – 236.

［80］ K Claus, P Nico, H Daniel. Resource Efficiency as a Key Driver for Technology and Management ［J］. International Journal of Technology Intelligence and Planning, 2010, 6 (2): 164 – 184.

［81］ K Dalkir. Knowledge Management in Theory and Practice ［M］. Oxford: Elsevier Inc, 2005 (5): 1 – 6.

[82] K Donohue. Efficient supply contract for fashion goods with forecast updating and two production modes [J]. Management Science, 2000, 46 (11): 1397 – 1411.

[83] K Eisenhardt. Better Stories and Better Constructs: The Case for Rigor and Comparative Logic [J]. Academy of Management Review, 1991, 12 (3): 620 – 627.

[84] K Eisenhardt. Building Theories from Case Study Research [J]. Academy of Management Review, 1989, 14 (4): 532 – 550.

[85] K Eisenhardt. Resource-based View of Strategic Alliance Formation: Strategic and Social Effects in Entrepreneurial Firms [J]. Organization Science, 1996, 7 (2): 136 – 150.

[86] K Ismail. Commercialization of University Patents: A Case Study [J]. Journal of Marketing Development and Competitiveness, 2011, 5 (5): 80 – 93.

[87] K Prahalad, G Hamel. The Core Competence of Corporation [J]. Harvard Business Review, 1990 (5): 79 – 91.

[88] L Fleming, O Sorenson. Technology as a Complex Adaptive System: Evidence from Patent Data [J]. Research Policy, 2001, 30 (7): 1019 – 1039.

[89] L Leydesdorff, H Etzkowitz. Emergence of a Triple Helix of University-Industry – Government Relations [J]. Science and Public Policy, 1996, 23 (5): 279 – 286.

[90] L Leydesdorff. A routine for measuring synergy in university-industry – Government Relations: Mutual Information as a Triple – Helix and Quadruple – Helix Indicator [J]. Scientometrics, 2014, 99 (1): 27 – 35.

[91] B Looy, M Ranga, Callaert J, Debackere K, Zimmermann E. Combining entrepreneurial and scientific performance in academia: towards a compounded and reciprocal Matthew-effect [J].

［92］C Lucia. Technology policy and Cooperative R&D：The Role of Relational Research Capacity ［R］. DRUID Working Paper，2000.

［93］M Baron，A Kenny. The Moderator-mediator Variable Distinction in Social Psychological Research：Conceptual，Strategic and Statistical Considerations ［J］. Journal of Personality and Social Psychological Research，1986，51（6）：1173 – 1182.

［94］M Beamon. Measuring supply chain performance International ［J］. Journal of Operations & Production Management，1999，19（3）：275 – 292.

［95］M Bentler，C Chou. Practical Issues in Structural Modeling ［J］. Sociological Methods and Research，1987，16（1）：78.

［96］M Bianchi，D Chiaroni. Organizing for External Technology Commercialization：Evidence from a Multiple Case Study in the Pharmaceutical Industry ［J］. R&D Management，2011，41（2）：120 – 138.

［97］M Freel，P Jong. Market novelty，competence-seeking and innovation networking ［J］. Technovation，2009，29（12）：873 – 884.

［98］M Gibbons，沈洪捷 等译. 知识生产的新模式 ［M］. 北京：北京大学出版社，2011：19 – 23.

［99］M Holmqvist. Learning in Imaginary Organizations：Creating Interorganizational Knowledge ［J］. Journal of Organizational Change Management，1999，12（5）：419 – 438.

［100］M Iansiti，Levien R. Strategy as Ecology ［J］. Harvard Business Review，2014，82（3）：68 – 81.

［101］M Paolo，V Scoppa. Task Assignment，Incentives and Technological Factors ［J］. Managerial and Decision Economics，2009，30（1）：43 – 55.

［102］M Peltoniemi，Vuori E. Business Ecosystem as the New Approach to Complex Adaptive Business Environment ［C］. Proceedings of

E – business Research Forum, 2004: 267 – 281.

[103] M Ryan. Patent Incentives, Technology Markets, and Public – Private Bio – Medical Innovation Networks in Brazil [J]. World Development, 2010, 39 (8): 1082 – 1093.

[104] M Wouters. Customer Value Propositions in the Context of Technology Commercialization [J]. International Journal of Innovation Management, 2010, 14 (6): 1099 – 1127.

[105] M Zeng, X P Chen. Achieving cooperation in multiparty alliances: a social dilemma approach to partnership management [J]. Academic Management Review, 2003, 28 (4): 587 – 605.

[106] O Maietta. Determinants of university-firm R&D collaboration and its impact on innovation Research policy, Organization Science, 2015, 44 (7): 1341 – 1359.

[107] O Williamson. Comparative Economic Organization: The Analysis of Discrete Structural Alternatives [J]. Administrative Science Quarterly, 1991, 36 (2): 269 – 296.

[108] P Bagozzi, Y Yi. On the Evaluation of Structural Equation Models [J]. Journal of the Academy of Marketing Science, 1988, 16 (1): 74 – 94.

[109] P Bonet. Integrating Transaction Cost Economics and the Resource-based View in Services and Innovation [J]. Service Industries Journal, 2010, 30 (5): 701 – 712.

[110] P Krugman. Geography and Trade [M]. Cambridge, Massachusetts: The MIT Press, 1991: 21 – 23.

[111] P Otto. Dynamics in Strategic Alliances: A Thoery on Interorganizational Learning and Knowledge Development [J]. Internatioanal Journal of Information Technologies and Systems Approach, 2012, 5 (1): 74 – 86.

[112] P Senge. The Fifth Discipline: The Art and Practice of the Learning Organization [M]. Currency Doubleday, 1994: 73 - 75.

[113] P Wright, W Judge, S Detelin. Strategic leadership and executive innovation influence: an international multi-cluster comparative study [J]. Strategic Management, 2005, 26 (7): 665 - 682.

[114] Porter. Cluster and the new economics of competition [J]. Harvard Business Review, 1998, 76: 77 - 90.

[115] R Baptista, P Swann. Do firms in clusters innovate more? [J]. Research Policy, 1998, 27 (5): 525 - 540.

[116] R Costa. A methodology for unveiling global innovation networks: patent citations as clues to cross border knowledge flows [J]. SCIENTOMETRICS, 2014, 101 (1): 61 - 83.

[117] R Cowan, N Jonard. The Dynamics of Collective Invention [J]. Journal of Economic Behavior & Organization, 2003, 52 (4): 513 - 532.

[118] R Edward. A Necessary and Sufficient Identification Rule for Structural Models Estimated in Practice [J]. Multivariate Behavioral Research, 1995, 30 (3): 359.

[119] R Edwards. Organizational Identification: Conceptual and Operational Review [J]. International Journal of Management Reviews, 2005, 7 (4): 207 - 230.

[120] R Gulati. Alliances and Networks [J]. Strategic Management Journal, 1998, 19 (4): 293 - 317.

[121] R Kumar. Managing Ambiguity in Strategic Alliances [J]. California Management Review, 2014, 56 (4): 82 - 102.

[122] R Madhavan, B Koka, J Prescott. Networks in Transition: How Industry Events Shape Inter firm Relationships [J]. Strategic Management Journal, 1998, 19 (5): 439 - 459.

[123] R Svensson. Commercialization of Patents and External Financing During the R&D Phase [J]. Research Policy, 2007, 36 (7): 1052 – 1069.

[124] R Yam, W Lo. Analysis of sources of innovation, technological innovation capabilities, and performance [J]. Research Policy, 2011, 40 (3): 391 – 402.

[125] R Yin. Discovering the Future of the Case Study Method in Evaluation Research [J]. Evaluation Practice, 1994, 15 (3): 283 – 290.

[126] S Denning. The Battle to Counter Disruptive Competition: Continuous Innovation vs "Good" Management [J]. Strategy & Leadership, 2012, 40 (4): 4 – 11.

[127] S Joonmo . Organizational Social Capital and Generalized Trust in Korea [J]. American Behavioral Scientist, 2015, 59 (8): 1007 – 1023.

[128] S Lau, L Lau. Reordering strategies for a newsboy-type product [J]. European Journal of Operational Research, 1997, 103 (3): 557 – 572.

[129] S Levine, M Prietula. Open Collaoration for Innovation: Principles and Performance [J]. Organization Science, 2014, 25 (5): 1414 – 1433.

[130] S Parise, L Sasson. Leveraging Knowledge Management Across Strategic Alliance [J]. Ivey Business Journal, 2002 (3): 41 – 48.

[131] S Wakeman. A dynamic theory of technology commercialization strategy [C]. Academy of Management Proceedings, 2008 : 1 – 9.

[132] S Zivnuska, M. Gundlach. Book Review Essay: The Future of Innovation [J] . Academy of Management Review, 2005, 30 (3): 634 – 647.

[133] Sifeng Liu, Li Yin. Grey Information [M] . Spring Berlin,

2010: 162 – 164.

[134] Sifeng Liu, Yingjie Yang, Zhigeng Fang, Naiming Xie. Grey cluster evaluation models based on mixed triangular whitenization weight functions [J]. Grey Systems: Theory and Application, 2015, 5 (3): 410 – 418.

[135] T Barnes, I Pashby, A Gibbons. Effective University – Industry Interaction: A multi – Case Evaluation of Collaborative R&D Projects [J]. European Management Journal, 2002, 20 (3): 272 – 285.

[136] T Kim. Framing Interorganizational Network Change: A Network Inertia Perspective [J]. Academy of Management Review, 2006, 31 (3), 704 – 720.

[137] T Stuart. Interorganizational Alliances and the Performance of Firms: A Study of Growth and Innovation Rates in a High-technology Industry [J]. Strategic Management Journal, 2000, 21 (8): 791 – 811.

[138] U Daellenbach, S Davenport. Establishing Trust during the Formation of Technology Alliances [J]. The Journal of Technology Transfer, 2004, 29 (2): 187 – 202.

[139] U Wassmer, P Dussauge. Value Creation in Alliance Portfolios: the Benefits and costs of Network Resource Interdependences [J]. European Management Review, 2011, 8 (1): 47 – 64.

[140] W Beamish. The characteristics of joint ventures in developed and developing countries [J]. Columbia J. World Bus. , 1985, 20 (3) 13 – 19.

[141] W Chesbrough, K Crowther. Beyond High Tech: Early Adopters of Open Innovation in Other Industries [J]. R&D Management, 2006, 36 (3): 229 – 236.

[142] W Cohen, R Nelson, J Walsh. Links and Impacts: The Influence of Public Research on Industrial R&D [J]. Management Science,

2002, 48（1）：1－23.

　　[143] W Cohen, D Levinthal. Absorptive Capacity：A New Perspective on Learning and Innovation ［J］. Administrative Science Quarterly, 1990, 35（1）：128－152.

　　[144] W Lee, H Lau, Z Liu, S Tam. A Fuzzy Analytic Hierarchy Process in Modular Product Design ［J］. Expert System, 2001, 18（1）：32－42.

　　[145] W Schoenmakers, G Duysters. Learning in Strategic Technology Alliances ［J］. Technology Analysis & Strategic Management, 2006, 18（2）：245－264.

　　[146] X Song, M Parry. A Cross－National Comparative Study of New Product Development Processes：Japan and the United States ［J］. Journal of Marketing, 1997, 61（2）：1－18.

　　[147] Y Cao, Y Xiang. The Impact of Knowledge Governance on Knowledge Sharing：the Mediating Role of Guanxi Effect ［J］. Chinese Management Studies, 2013, 7（1）：36－52.

　　[148] Y Doz, The Evolution of Cooperation in Strategic Alliance ［J］. Strategic Management Journal, 1996（17）：55－83.

　　[149] Y Eom, K Lee. Determinants of Industry－Academy Linkages and Their Impact on Firm Performance：The Case of Korea as a Latecomer in Knowledge Industrialization ［J］. Research Policy, 2010, 39（5）：625－639.

　　[150] 埃茨科威兹. 创业型大学与创新的三螺旋模型 ［J］. 科学学研究, 2009, 27（4）：481－488.

　　[151] 宝贡敏, 王庆喜. 战略联盟关系资本的建立与维护 ［J］. 研究与发展管理, 2004, 16（3）：9－14.

　　[152] 蔡继荣, 胡培. 基于专用性资产及其套牢效应的战略联盟不稳定性分析 ［J］. 科技进步与对策, 2006（10）：9－13.

[153] 曹霞, 于娟. 产学研合作创新稳定性研究 [J]. 科学学研究, 2015 (5): 741 - 747.

[154] 曹祎遐. 专利实施: 上海创新的"标尺" [J]. 上海经济, 2013, (5): 16 - 17.

[155] 陈菲琼, 范良聪. 基于合作与竞争的战略联盟稳定性分析 [J]. 管理世界, 2007 (7): 102 - 110.

[156] 陈国权, 马萌. 组织学习: 现状与展望 [J]. 中国管理科学, 2000, 8 (1): 66 - 74.

[157] 陈海秋, 宋志琼, 杨敏. 中国大学专利实施现状的原因分析与初步研究 [J]. 研究与发展管理, 2007, 19 (4): 101 - 106.

[158] 陈劲. 全球化背景下的开放式创新: 理论构建和实证研究 [M]. 北京: 科学出版社, 2013: 70 - 80.

[159] 陈劲. 新形势下产学研战略联盟创新与发展研究 [M]. 北京: 中国人民大学出版社, 2009: 166.

[160] 陈仁松, 曹勇, 李雯. 产学合作的影响因素分析及其有效性测度——基于武汉市高校授权专利实施数据的实证研究 [J]. 科学学与科学技术管理, 2010, 31 (12): 5 - 10.

[161] 陈伟, 张永超, 马一博, 张勇军. 区域装备制造业产学研创新网络的实证研究——基于网络结构和网络聚类的视角 [J]. 科学学研究, 2012, 30 (4): 600 - 607.

[162] 陈旭. 需求信息更新条件下易逝品的批量订货策略 [J]. 管理科学学报, 2005, 8 (5): 38 - 42.

[163] 陈钰芬, 陈劲. 开放式创新促进创新绩效的机理研究 [J]. 科研管理, 2009, 30 (4): 1 - 9.

[164] 程德俊. 基于专用知识的网络组织特性分析 [J]. 科学学与科学技术管理, 2004 (2): 121 - 124.

[165] 池仁勇. 区域中小企业创新网络形成、结构属性与功能提升: 浙江省实证考察 [J]. 管理世界, 2005 (10): 102 - 112.

[166] 戴汝为，操龙兵. 一个开放的复杂巨系统 [J]. 系统工程学报 2001，16（5）：376 - 381.

[167] 党小梅，郑永平. 高校专利实施工作的实践与思考 [J]. 研究与发展管理，2007，19（4）：107 - 111.

[168] 邓雪，李家铭，曾浩健，陈俊羊，赵俊峰. 层次分析法权重计算方法分析及其应用研究 [J]. 数学的实践与认识，2012，42（7）：93 - 100.

[169] 刁丽琳，朱桂龙，许治. 国外产学研合作研究评述、展望和启示 [J]. 外国经济与管理，2011，33（2）：48 - 57.

[170] 丁同玉. 产学研合作创新中存在的问题及对策分析 [J]. 南京财经大学学报，2003（3）：37 - 40.

[171] 冯涛，邓俊荣. 从劳动分工到知识分工的组织间合作关系演进 [J]. 学术月刊，2010，42（8）：92 - 98.

[172] 付韬，张永安. 核型集群创新网络演化过程的仿真——基于回声模型 [J]. 系统管理学报，2011，20（4）：406 - 415.

[173] 傅荣. 协同性资源交互的神经网络模型与仿真 [J]. 系统工程理论与实践，2003（7）：24 - 29.

[174] 高维和，刘勇. 协同沟通与企业绩效：承诺的中介作用与治理机制的调节作用 [J]. 管理世界，2010（11）：76 - 93.

[175] 高锡荣，罗琳. 中国创新转型的启动证据——基于专利实施许可的分析 [J]. 科学学研究，2014，32（7）：996 - 1002.

[176] 顾新，郭耀煌，李久平. 社会资本及其在知识链中的作用 [J]. 科研管理，2003，24（5）：44 - 48.

[177] 顾新，吴绍波，全力. 知识链组织之间的冲突与冲突管理研究 [M]. 成都：四川大学出版社，2011：3.

[178] 顾新. 知识链管理 [M]. 成都：四川大学出版社，2008年6月，213 - 225.

[179] 郭立新，陈传明. 模块化网络中企业技术创新能力系统

演进的驱动因素——基于知识网络和资源网络的视角 [J]．科学学与科学技术管理，2010 (2)：59 – 66．．

[180] 郝云宏，李文博．国外知识网络的研究及其新进展 [J]．浙江工商大学学报，2007 (6)，70 – 75．

[181] 何建坤，周立，张继红等．研究型大学技术转移：模式研究与实证分析 [M]．北京：清华大学出版社，2007：195 – 196．

[182] 何郁冰．产学研协同创新的理论模式 [J]．科学学研究，2012，30 (2)：165 – 173．

[183] 赫尔曼·哈肯．协同学——大自然构成的奥秘 [M]．上海：世纪出版集团，2005：100 – 102．

[184] 胡恩华．产学研合作创新中问题及对策研究 [J]．研究与发展管理，2002，14 (1)：54 – 57．

[185] 黄少安，张苏．人类的合作及其演进研究 [M]．中国社会科学，2013 (7)：77 – 89．

[186] 黄贤凤，武博，王建华．官产学研合作对区域 R&D 产出弹性影响的实证研究 [J]．科技进步与对策，2012，29 (22)：63 – 66．

[187] 黄玉杰．影响联盟治理结构选择的因素分析 [J]．当代经济科学，2005，27 (1)：24 – 28．

[188] 江高．模糊层次综合评价法及其应用 [D]．天津：天津大学，2005：35 – 36．

[189] 江积海，蔡春花．联盟组合的结构特征对开放式创新的影响机理——瑞丰光电的案例研究 [J]．科学学研究，2014，9 (1)：1396 – 1404．

[190] 蒋晓芸，王齐．企业核心能力测度的多层次模糊综合评判数学模型 [J]．经济数学，2003，20 (1)：55 – 62．

[191] 蒋樟生，胡珑瑛．不确定条件下知识获取能力对技术创新联盟稳定性的影响 [J]．管理工程学报，2010，24 (4)：41 – 47．

[192] 教育部科技发展中心．中国高校知识产权报告 [R]．北

京：清华大学出版社，2012.

[193] 金辉，杨忠，冯帆. 社会资本促进个体间知识共享的作用机制研究 [J]. 科学管理研究，2010，28（5）：51-55.

[194] 金祥荣，朱希伟. 专业化产业区的起源与演化——一个历史与理论视角的考察 [J]. 经济研究，2002（8）：74-82，95.

[195] 库珀，欣德勒，孙健敏. 企业管理研究方法 [M]. 北京：中国人民大学出版社，2013：397-401.

[196] 乐承毅，徐福缘，顾新建，陈芨熙，王有远. 复杂产品系统中跨组织知识超网络模型研究 [J]. 科研管理，2013，34（2）：128-135.

[197] 李彬，王凤彬，秦宇. 动态能力如何影响组织操作常规？——一项双案例比较研究 [J]. 管理世界，2013（8）：136-153.

[198] 李晨光，张永安. 企业对政府创新科技政策的响应机理研究 [J]. 科技进步与对策，2013，30（14）：81-87.

[199] 李成龙，刘智跃. 产学研耦合互动对创新绩效影响的实证研究 [J]. 科研管理，2013，34（3）：24-30.

[200] 李浩. 企业技术创新中的知识网络分析 [J]. 情报杂志，2007（3）：7-9.

[201] 李建邦，李常洪. "政产学研金中"合作发展研究 [J]. 科技情报开发与经济，2010，20（12）：123-125.

[202] 李江涛，许婷. 大型工程"产学研"技术创新模式研究 [J]. 湖南社会科学，2010（2）：111-113.

[203] 李文元，向雅丽，顾桂芳. 创新中介在开放式创新过程中的功能研究 [J]. 科学学与科学技术管理，2012，34（4）：54-59.

[204] 李亦亮. 企业集群发展的框架分析 [M]. 中国经济出版社，2006.

[205] 李影. 长三角官产学研联盟的现状及对策分析 [J]. 科技管理研究，2010（14）：45-48.

[206] 李玉剑，宣国良. 专利联盟：战略联盟研究的新领域 [J]. 中国工业经济，2004，(2)：48 – 54.

[207] 李贞，张体勤. 企业知识网络能力的理论架构和提升路径 [J]. 中国工业经济，2010 (10)：107 – 116.

[208] 李正卫，曹耀艳，陈铁军. 影响我国高校专利实施的关键因素：基于浙江的实证研究 [J]. 科学学研究，2009，27 (8)：1185 – 1190.

[209] 廖开际，叶东海，吴敏. 组织知识共享网络模型研究——基于知识网络和社会网络 [J]. 科学学研究，2011，29 (9)：1356 – 1364.

[210] 林嵩，姜彦福. 结构方程模型理论及其在管理研究中的应用 [J]. 科学学与科学技术管理，2006 (2)：38 – 41.

[211] 刘丹，闫长乐. 协同创新网络结构与机理研究 [J]. 管理世界，2013 (12)：1 – 4.

[212] 刘介明，游训策，柳建容. 基于生命周期理论的专利联盟运作机理研究 [J]. 科学学与科学技术管理，2010，(4)：56 – 60，65.

[213] 刘思锋，党耀国，方志耕，谢乃明. 灰色系统理论及其应用 [M]. 北京：科学出版社，2010：118 – 133.

[214] 迈克·A·希特著，吕巍等译，战略管理 [M]. 北京：机械工业出版社，2012：63.

[215] 刘雪梅. 联盟组合：价值实现及其治理机制研究 [D]. 成都：西南财经大学，2013：29 – 33.

[216] 刘友金，刘莉君. 基于混沌理论的集群式创新网络演化过程研究 [J]. 科学学研究，2008，26 (1)：185 – 190.

[217] 刘媛华. 企业集群合作创新涌现的动力模型研究 [J]. 科学学研究，2012，30 (9)：1416 – 1420.

[228] 鲁其辉，朱道立，林正华. 带有快速反应策略供应链系统的补偿策略研究 [J]. 管理科学学报，2004，7 (4)：14 – 23.

[219] 吕萍. 企业所有权、内外部知识网络选择和创新绩效——基于中国 ICT 产业的实证研究 [J]. 科学学研究, 2012, 30 (9): 1428 - 1439.

[220] 马丁·诺瓦克著, 龙志勇译. 超级合作者 [M]. 杭州: 浙江人民出版社, 2013: 2 - 8.

[221] 马歇尔. 经济学原理 [M]. 北京: 商务印书馆, 1965: 93 - 95.

[222] 马亚男, 李慧. 知识联盟组织间知识共享不足风险形成过程研究 [J]. 科学学与科学技术管理, 2008 (1): 93 - 97.

[223] 毛昊. 我国专利实施和产业化的理论与政策研究 [J]. 研究与发展管理, 2015, 27 (4): 100 - 109.

[224] 毛昊, 刘澄, 林瀚. 中国企业专利实施和产业化问题研究 [J]. 科学学研究, 2013, 31 (12): 1816 - 1825.

[225] 毛基业, 张霞. 案例研究方法的规范性及现状评估 [J]. 管理世界, 2008 (4): 115 - 121.

[226] 孟庆红, 戴晓天, 李仕明. 价值网络的价值创造、锁定效应及其关系研究综述 [J]. 管理评论, 2011, 23 (12): 139 - 147.

[227] 牛海鹏, 艾凤义. 上下游投资、下游研发的收益分配和成本分担的机制 [J]. 数量经济技术经济研究, 2004, 21 (7): 109 - 114.

[228] 潘锡杨. 政产学研协同创新: 区域创新发展的新范式 [J]. 科技管理研究, 2014 (21): 70 - 75.

[229] 潘镇, 李晏墅. 联盟中的信任——一项中国情景下的实证研究 [J]. 中国工业经济, 2008 (4): 44 - 54.

[230] 彭灿, 胡厚宝. 知识联盟中的知识创造机制: Bas - C - SECI 模型 [J]. 研究与发展管理, 2008, 20 (1): 118 - 122.

[231] 钱学森, 于景元, 戴汝为. 一个科学新领域: 开放的复杂巨系统及其方法论 [J]. 自然杂志, 1990, 13 (1): 3 - 10, 64.

[232] 任浩，甄杰．管理学百年演进与创新：组织间关系的视角 [J]．中国工业经济，2012 (12)：89 – 101.

[233] 任慧，和金生．知识网络：技术创新模式演化与发展趋势 [J]．情报杂志，2011，30 (5)：104 – 108.

[234] 任锦鸾，顾培亮．基于复杂理论的创新系统研究 [J]．科学学研究，2002，20 (4)：437 – 440.

[235] 荣泰生．AMOS 与研究方法 [M]．重庆：重庆大学出版社，2009：10 – 11.

[236] 申俊喜．基于战略性新兴产业发展的产学研创新合作研究 [J]．科学管理研究，2011，29 (6)：1 – 5.

[237] 石陆仁．专利商业化路径探讨 [J]．中国发明与专利，2010 (4)：87 – 89.

[238] 时良艳．技术集成创新中的专利管理问题初探 [J]．科学学与科学技术管理，2007 (2)：28 – 32.

[239] 斯蒂芬·P·罗宾斯著，孙健敏等译，管理学（第7版）[M]．北京：中国人民大学出版社，2006：267.

[240] 苏敬勤，王延章．合作技术创新理论及机制研究 [M]．大连：大连理工大学出版社，2002：75.

[241] 孙彪，刘益，郑淞月．联盟社会资本 & 知识管理与创新绩效的关系研究——基于技术创新联盟的概念框架 [J]．西安交通大学学报，2012，32 (3)：43 – 49.

[242] 孙福全，陈宝明，王文岩．主要发达国家的产学研合作创新——基本经验及启示 [M]．北京：经济管理出版社，2008：1 – 151.

[243] 孙海法，朱莹楚．案例研究法的理论与应用 [J]．科学管理研究，2004，22 (1)：116 – 120.

[244] 孙伟，高建，张帏等．产学研合作模式的制度创新：综合创新体 [J]．科研管理，2009，30 (5)：69 – 75.

[245] 孙新波，齐会杰．基于扎根理论的知识联盟激励协同理论框架研究［J］．研究与发展管理，2012，24（2）：10－18.

[246] 孙志锋，陈萍，郑亚红．我国政产学研一体化的现状及问题研究［J］．技术经济与管理研究，2013（3）：53－58.

[247] 谭龙．我国高校专利实施许可的实证分析及启示［J］．研究与发展管理，2013，25（3）：117－123.

[248] 屠兴勇．知识视角的组织：概念、边界及研究主题［J］．科学学研究，2012，30（9）：1378－1387.

[249] 万君，顾新．知识网络合作效率影响因素探析［J］．科技进步与对策，2009，26（22）：164－167.

[250] 王海花，谢富纪．企业外部知识网络能力的结构测量——基于结构洞理论的研究［J］．中国工业经济，2012（7）：134－146.

[251] 王缉慈．创新的空间——企业集群与区域发展［M］．北京大学出版社，2001. 18－50.

[252] 王睢，罗珉．知识共同体的构建：基于规则与结构的探讨［J］．中国工业经济，2007（4）：54－62.

[253] 王黎萤，陈劲．企业专利实施现状及影响因素分析——基于浙江的实证研究［J］．科学学与科学技术管理，2009（12）：148－153.

[254] 王玲，张义芳，武夷山．日本官产学研合作经验之探究［J］．世界科技研究与发展，2006，28（4）：91－95，90.

[255] 王英俊，丁堃．"官产学研"型虚拟研发组织的结构模式及管理对策［J］．科学学与科学技术管理，2004（4）：40－43.

[256] 王志刚．健全技术创新市场导向机制［J］．求是，2013（23）：18－22.

[257] 韦伯．工业区位论［M］．北京：商务印书馆，1997：64－65.

[258] 魏守华，石碧华．论企业集群的竞争优势［J］．中国工业经济，2002，（1）：59－65.

[259] 魏旭, 管见星. 跨网络知识供应链伙伴关系网构建问题研究——基于制度内生化理论的视角 [J]. 社会科学战线, 2011 (1): 265 –266.

[260] 吴广, 刘荣. SPSS 统计分析与应用 [M]. 北京: 电子工业出版社, 2013: 351 –3522.

[261] 吴姮, 于丽英. 基于多重螺旋理论探索"官产学研用"协同创新途径 [J]. 科技和产业, 2013, 13 (3): 57 –60.

[262] 吴红. 专利实施与专利运用 [J]. 电子知识产权, 2008 (5): 47 –49.

[263] 吴明隆. 结构方程模型: Amos 实务进阶 [M]. 重庆: 重庆大学出版社, 2013: 11 –27.

[264] 吴明隆. 结构方程模型——AMOS 的操作与应用 [M]. 重庆: 重庆大学出版社, 2010: 5 –6.

[265] 吴明隆. 问卷统计分析实务: SPSS 操作与应用 [M]. 重庆: 重庆大学出版社, 2010: 194 –196.

[266] 吴绍波, 顾新, 彭双. 知识链组织之间的分工决策模型研究 [J]. 科研管理, 2011, 32 (3): 9 –14.

[267] 吴绍波. 战略性新兴产业创新生态系统协同创新的治理机制研究 [J]. 中国科技论坛, 2013 (10): 5 –9.

[268] 肖冬平, 顾新. 知识网络的形成动因及其多视角分析 [J]. 科学学与科学技术管理, 2009 (1): 84 –91.

[269] 谢德荪. 源创新: 转型期的中国企业创新之道 [M]. 北京: 五洲传播出版社, 2012: 12 –13.

[270] 谢泗薪, 薛求知, 周尚志. 中国企业的全球学习模式研究 [J]. 南开管理评论, 2003, (3): 64 –71.

[271] 辛晴, 杨蕙馨. 知识网络如何影响企业创新——动态能力视角的实证研究 [J]. 研究与发展管理, 2012, 24 (6): 12 –23.

[272] 邢胜才. 积极推进专利实施与产业化 [J]. 中国发明与专

利, 2005 (11): 16 –23.

[273] 徐明华, 陈锦其. 专利联盟理论及其对我国企业专利战略的启示 [J]. 科研管理, 2009, 30 (4): 162 –167, 183.

[274] 徐小钦, 王艳侠. 企业专利实施中若干问题的分析和探讨 [J]. 科学学与科学技术管理, 2009 (10): 123 –126.

[275] 许淑君, 马士华. 供应链企业间的战略伙伴关系研究 [J]. 华中科技大学学报, 2001 (1): 78 –81.

[276] 许学国, 彭正龙, 尤建. 全球化背景下的组织间学习模式研究 [J]. 管理科学, 2004, 17 (4): 31 –37.

[277] 薛捷, 张振刚. 基于官产学研合作的产业共性技术创新平台研究 [J]. 工业技术经济, 2006, 25 (12): 109 –112.

[278] 薛澜, 林泽梁, 梁正, 陈玲, 周源, 王玺 [J]. 世界战略性新兴产业的发展趋势对我国的启示 [J]. 中国软科学, 2013 (5): 18 –26.

[279] 薛澜, 沈群红. 战略技术联盟研究的基本问题及其新进展 [J]. 经济学动态, 2001 (1): 47 –51.

[280] 杨洪涛, 石春生, 姜莹. "关系" 文化对创业供应链合作关系稳定性影响的实证研究 [J]. 管理评论, 2011, 23 (4): 115 –121.

[281] 杨杰. 对绩效评价的若干基本问题的思考 [J]. 中国管理科学, 2000, 8 (4): 74 –80.

[282] 杨林村, 杨擎. 集成创新的知识产权管理 [J]. 中国软科学, 2002 (12): 119 –124.

[283] 杨阳, 单标, 安汤淑. 战略联盟演化过程中的组织间学习特征研究 [J]. 现代情报, 2011, 31 (5): 173 –176.

[284] 姚威, 陈劲. 产学研合作创新的知识创造过程研究 [M]. 浙江: 浙江大学出版社, 2010: 79 –80.

[285] 野中郁次郎. 创造知识的企业 [M]. 北京: 知识产权出

版社，2006：110 – 115.

[286] 于小兵. 基于MA – OWA和灰色评估法的企业信息集成服务供应商选择研究 [J]. 数学实践与认识，2012，42 (17)：89 – 96.

[287] 雨田. 专利转化之困 [N]. 中国科学报 2012 – 5 – 19：B1 版.

[288] 喻红阳，李海婴，袁付礼. 合作关系中的组织间学习：一个动态的学习观 [J]. 科技管理研究，2005 (8)：76 – 79.

[289] 原长弘，孙会娟. 政产学研用协同与高校知识创新链效率 [J]. 科研管理，2013，34 (4)：60 – 67.

[290] 原毅军，孙思思. 推进产学研战略联盟的多渠道模式研究 [J]. 科技进步与对策，2012，29 (22)：7 – 10.

[291] 袁木棋，蒋来，曹耀艳，袁莹. 高校专利战略模式构建与实施对策探讨 [J]. 研究与发展管理，2007，19 (6)：129 – 133.

[292] 约瑟夫. 熊彼特：《经济发展理论》（中译本）[M]. 北京：商务印书馆，1990.

[293] 张宝建，胡海青，张道宏. 企业创新网络的生成与进化——基于社会网络理论的视角 [J]. 中国工业经济，2011 (4)：117 – 126.

[294] 张聪群. 基于集群的产业共性技术创新载体：官产学研联盟 [J]. 宁波大学学报，2008，21 (3)：79 – 84.

[295] 张龙. 知识网络结构及其对知识管理的启示 [J]. 研究与发展管理，2007，19 (2)：86 – 92.

[296] 张满银，温世辉，韩大海. 基于官产学研合作的区域创新系统效率评价 [J]. 科技进步与对策，2011，28 (11)：130 – 133.

[297] 张首魁，党兴华. 关系结构、关系质量对合作创新企业间知识转移的影响研究 [J]. 研究与发展管理，2009，21 (3)：1 – 7，14.

[298] 张巍；张旭梅；肖剑. 供应链企业间的协同创新及收益分配研究 [J]. 研究与发展管理，2008，20 (4)：81 – 88.

[299] 张宇青. 我国"专利沉睡"之困与治理研究 [J]. 科学管理研究，2013，31 (4)：49 – 52.

[300] 张臻. 雷军：促进专利价值的提升 [J]. 华东科技，2013 (4)：40-41.

[301] 赵树宽，李艳华，姜红. 产业创新系统效应测度模型研究 [J]. 吉林大学社会科学学报 2006 (5)：131-137.

[302] 赵晓庆，许庆瑞. 知识网络与企业竞争能力 [J]. 科学学研究，2002，20 (3)：281-285.

[303] 赵晓荣. 虚拟企业盟主的评判研究 [J]. 中国软科学，2003，18 (6)：92-95.

[304] 郑素丽，宋明顺. 专利价值由何决定？[J]. 科学学研究，2012，30 (9)：1316-1324.

[305] 中研网. 我国科技高投入低产出 [EB/OL]. http://www.chinairn.com/news/20141028/094248453.shtml.

[306] 仲伟俊，梅姝娥，谢园园. 产学研合作技术创新模式分析 [J]. 中国软科学，2009 (8)：174-180.

[307] 周朴雄，颜波. 知识联盟企业技术创新的信息保障 [J]. 情报科学，2006，24 (12)：1809-1813.

[308] 周青，陈畴镛. 专利联盟提升企业自主创新能力的作用方式与政策建议 [J]. 科研管理，2012，(33)：41-46，55.

[309] 周全，顾新，曾莉. 国外推动专利实施的财政支持机制及其启示 [J]. 软科学，2012，26 (9)：56-59.

[310] 周全，顾新. 国外知识创造研究述评 [J]. 图书情报工作 2013，57 (20)：143-148.

[311] 周全，顾新. 企业知识观演进研究 [J]. 情报理论与实践，2014，(2)：27-30，22.

[312] 周全，顾新. 专利实施战略联盟初探 [J]. 科学管理研究，2014，32 (1)：35-38.

[313] 周全，顾新. 战略性新兴产业中专利实施协同机制研究 [J]. 科学管理研究 2014，32 (5)：48-50，70.

［314］周三多等编著，管理学：原理与方法［M］．上海：复旦大学出版社，2007：209 – 210.

［315］周绍东．战略性新兴产业创新系统研究述评［J］．科学管理究，2012，30（4）：40 – 42，56.

［316］邹波，郭峰，王晓红，张巍．三螺旋协同创新的机制与路径［J］．自然辩证法研究，2013，29（7）：49 – 54.

后 记

本书是基于我的博士论文而成，书稿付梓之际，感谢之情涌上心头。

首先感谢我的导师顾新教授，在您的精心指导下，我才能够顺利完成博士阶段学习和博士论文。还记得顾老师带我们去四川省知识产权局调研，由此引发了我对专利实施这一现实问题的关注和思考，进而在顾老师的引领下阅读相关文献，形成了选题的基本思路，并申报成功了教育部人文社科青年项目"基于组织合作创新的专利实施战略联盟研究"（项目编号：13YJC630246），以此展开博士论文的研究。依然记得顾老师给我的每一次当面指导，您宽广的视野、深厚的学术功底、睿智的语言如春风化雨，让我受益良多。在此，我要对顾老师表达最诚挚的谢意！

还要感谢四川大学商学院传道授业的老师们：徐玖平教授、任佩瑜教授、毛道维教授、贺昌政教授、王元地教授……感谢在博士论文开题和论文修改中给我提出宝贵意见的老师以及在实证调研中给予支持的业界和学界人士。

本研究也是重庆市高校"三特行动计划"重庆工商大学市场营销特色专业建设成果之一，感谢重庆工商大学商务策划学院院长骆东奇教授、书记邓德敏教授、副院长梁云教授和王燕教授等领导的支持。

谢谢一路相伴的可爱的师兄弟姐妹们：吴绍波、张莉、王涛、龙跃、吴悦、叶一军、程强、魏奇锋、蔺玉、张江甫……尤其感谢绍波师兄的帮助，你总是散发出巨大的正能量，鼓舞着我克服困难，向前迈进。

　　感谢所有参考文献作者的研究成果给我带来的启迪，若书中的引用或标注有遗漏之处，还请海涵。同时，局限于作者自身知识水平和研究能力，本书研究中的不足之处及尚待深入的地方，望读者朋友不吝赐教。

　　最后，感谢关心、支持着我的父母和妻子，也要小小的谢一下自己的坚持与努力，在以后的日子里，加油！

周全

2016 年 5 月